Heike Homrighausen

200 Matheübungen

wie in der Schule 5 – 10

Textaufgaben • Sachaufgaben

Klett Lerntraining

Heike Homrighausen ist Gymnasiallehrerin für Mathematik und Geschichte in Baden-Württemberg.

Bildnachweis:
S. 14: Marder: Juniors Bildarchiv, Sven-Uwe Junior; Kaninchen und Meerschweinchen: MEV Verlag GmbH, Augsburg; Igel: Klett-Archiv, Stuttgart (Steffen Jähde, Berlin) – S. 45, 64 und 69: Klett-Archiv, Stuttgart – S. 77: dpa Picture-Alliance GmbH, Frankfurt am Main (Bürschaper) – S. 83: MEV Verlag GmbH, Augsburg – S. 108: Corbis GmbH, Düsseldorf (RF) – S. 123: Ullstein, Bild GmbH (AP), Berlin – S. 140: Avenue Images GmbH, Hamburg (Ingram Publishing) – S.141: BigStockPhoto.com, Davis, CA (Fotosmurf01)

Bibliografische Information der Deutschen Nationalbibliothek
Die Deutsche Nationalbibliothek verzeichnet diese Publikation in der Deutschen Nationalbibliografie; detaillierte bibliografische Daten sind im Internet über http://dnb.d-nb.de abrufbar.

Auflage 4 3 2 | 2015 2014 2013
Die letzten Zahlen bezeichnen jeweils die Auflage und das Jahr des Druckes.

www.klett.de/lernhilfen
Redaktionsassistenz: Verena Malmsheimer, Stuttgart
Zeichnungen: Steffen Jähde, Berlin: S. 70; Sven Palmowski, Barcelona: S. 85
Umschlaggestaltung: Sabine Kaufmann, Stuttgart
Umschlagfoto: Klett-Archiv, Stuttgart; Fotograf: Thomas Weccard, Ludwigsburg
Satz: DTP-Studio Andrea Eckhardt, Göppingen
Druck: Medienhaus Plump GmbH, Rheinbreitbach
Printed in Germany
ISBN 978-3-12-927276-3

9 783129 272763

Liebe Schülerin, lieber Schüler,

kennst du das: Du sollst eine Matheaufgabe lösen und weißt einfach nicht wie? Die Zeit in der Klassenarbeit rennt dir davon, und es steht immer noch nichts auf dem Papier? Keine Panik! Das Lösen von Matheaufgaben kannst du lernen. Übung macht hier den Meister!

Dieses Buch bietet dir alles, was du für ein **zielgerichtetes** und **erfolgreiches** Training brauchst. **200 abwechslungsreiche Übungen** machen dich fit im Lösen von Matheaufgaben und bereiten dich perfekt auf die nächste Klassenarbeit vor.

Ob Rechnen mit Brüchen, Wahrscheinlichkeiten, Prozente, Funktionen, Terme und Gleichungen oder geometrische Problemen, – **alle wichtigen Themen der Klassen 5 – 10** werden in den Übungen berücksichtigt.
Im Inhaltsverzeichnis findest du unter den Doppelschuljahren 5/6, 7/8 und 9/10 **alle Themen**, die du üben kannst, **übersichtlich zusammengestellt.**
Wähle dir einfach das Thema aus, das dir Probleme macht.
Ausführliche Lösungen helfen dir, deine Ergebnisse selbstständig zu überprüfen.

Schlechte Noten in Mathe? Das war einmal, das wirst du bald sehen!

Viel Erfolg und Freude beim Üben wünschen dir
deine Redaktion Klett Lerntraining und deine Autorin!

Übungsnummer
Die Übungen sind von 1 – 200 durchnummeriert. Ausführliche Lösungen findest du unter der jeweils gleichen Nummer ab S. 146.

Thema
Hier siehst du das Thema, zu dem die Übungen gehören.

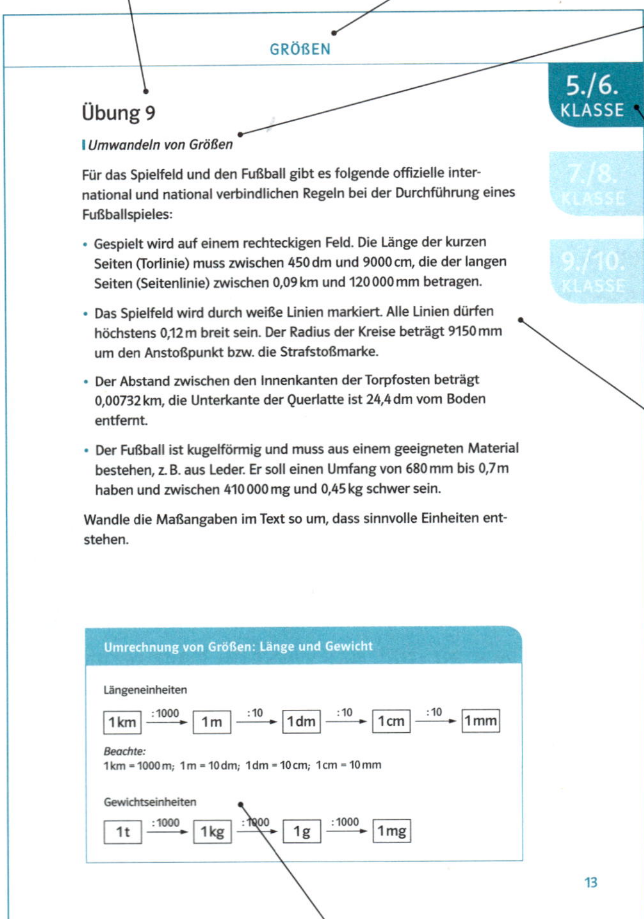

GRÖßEN

5./6. KLASSE

7./8. KLASSE

9./10. KLASSE

Übung 9

I *Umwandeln von Größen*

Für das Spielfeld und den Fußball gibt es folgende offizielle international und national verbindlichen Regeln bei der Durchführung eines Fußballspieles:

- Gespielt wird auf einem rechteckigen Feld. Die Länge der kurzen Seiten (Torlinie) muss zwischen 450 dm und 9000 cm, die der langen Seiten (Seitenlinie) zwischen 0,09 km und 120 000 mm betragen.
- Das Spielfeld wird durch weiße Linien markiert. Alle Linien dürfen höchstens 0,12 m breit sein. Der Radius der Kreise beträgt 9150 mm um den Anstoßpunkt bzw. die Strafstoßmarke.
- Der Abstand zwischen den Innenkanten der Torpfosten beträgt 0,00732 km, die Unterkante der Querlatte ist 24,4 dm vom Boden entfernt.
- Der Fußball ist kugelförmig und muss aus einem geeigneten Material bestehen, z. B. aus Leder. Er soll einen Umfang von 680 mm bis 0,7 m haben und zwischen 410 000 mg und 0,45 kg schwer sein.

Wandle die Maßangaben im Text so um, dass sinnvolle Einheiten entstehen.

Umrechnung von Größen: Länge und Gewicht

Längeneinheiten

1 km →(:1000) 1 m →(:10) 1 dm →(:10) 1 cm →(:10) 1 mm

Beachte:
1 km = 1000 m; 1 m = 10 dm; 1 dm = 10 cm; 1 cm = 10 mm

Gewichtseinheiten

1 t →(:1000) 1 kg →(:1000) 1 g →(:1000) 1 mg

13

Infozeile
Diese Zeile gibt an, was du in dieser Aufgabe übst.

Klassenangabe
Suche die Übung heraus, die zu deiner Klasse passen.

Aufgaben
Abwechslungsreiche Übungen fordern unterschiedliche Vorgehen von dir und lassen keine Langeweile aufkommen.

Tippkasten
Hier kannst du wichtige Formeln, Regeln, Tipps oder Hilfestellungen nachlesen.

5./6.
KLASSE

Übung 1

Große Zahlen; Diagramme

Der Begriff „Kontinent" (lat. „zusammenhängendes Land") bezeichnet geschlossene Festlandmassen. Wissenschaftler teilen die Welt in 7 Kontinente ein. Antarktika hat eine Größe von 13 200 000 km^2 und 4000 Einwohner, Australien ist 8 500 000 km^2 groß und hat 34 000 000 Einwohner. Nordamerika mit einer Größe von 24 900 000 km^2 hat 523 000 000 Einwohner und Südamerika hat 381 000 000 Einwohner bei einer Größe von 17 800 000 km^2. Europa ist 10 500 000 km^2 groß und hat 733 000 000 Einwohner, während in Asien bei einer Größe von 44 400 000 km^2 4 010 000 000 Einwohner leben. Der letzte Kontinent ist Afrika. Bei einer Größe von 30 300 000 km^2 leben dort 944 000 000 Einwohner.

a) Lies die Zahlen im Text und schreibe sie in Buchstaben.

b) Ordne die Kontinente nach ihrer Größe und zeichne ein passendes Balkendiagramm.

c) Ordne die Kontinente nach ihrer Einwohnerzahl und zeichne ein passendes Säulendiagramm.

Große Zahlen

Große Zahlen **unter einer Million** schreibt man **zusammen.**
Das kann unter Umständen ein ziemlich langes Wort ergeben.
Beispiel: 251 972
zweihunderteinundfünfzigtausendneunhundertzweiundsiebzig.

Große Zahlen **über einer Million** schreibt man **getrennt**, da „Million", „Milliarde", … Substantive sind.
Beispiel: 301 052 350 222
dreihunderteins Milliarden zweiundfünfzig Millionen dreihundertfünfzigtausendzweihundertzweiundzwanzig

Übung 2

Große Zahlen; Diagramme

Das Land in Europa mit der größten Fläche ist Russland mit siebzehn Millionen fünfundsiebzigtausendvierhundert km², die kleinste Fläche hat der Vatikan mit vierhundertvierzigtausend m². In Russland leben auch die meisten Einwohner, nämlich hundertzweiundvierzig Millionen achthundertdreiundneunzigtausendfünfhundertvierzig. Das Land mit der höchsten Einwohnerdichte ist Monaco. Dort leben sechzehntausendsechshundertzwanzig Einwohner pro km². Moskau ist die größte Metropole mit vierzehn Millionen fünfhundertzwanzigtausendachthundert Einwohnern. Durch Russland fließt auch der längste Fluss Europas, die Wolga, mit einer Länge von dreitausendfünfhundertvierunddreißig km.

a) Schreibe die Zahlenangaben im Text in Ziffern.

b) Wie groß ist der Größenunterschied zwischen Russland und dem Vatikan?

Übung 3

Große Zahlen; Runden

Eine Zeitungsagentur meldet, dass auf der Fanmeile in Berlin 550 000 Zuschauer waren. Diese Zahl ist auf Zehntausender gerundet.
Wie viele Zuschauer waren es mindestens, wie viele höchstens?

Antwort:
Es waren mindestens ______________ Zuschauer und höchstens

______________ Zuschauer.

Übung 4

Große Zahlen; Runden; Diagramme; Dividieren

Mika findet in einem Lexikon über die größten Städte in Europa folgende Angaben aus dem Jahr 2007:

Madrid ist die größte Stadt in Spanien mit 3 233 054 Einwohnern und einer Fläche von 607 km^2. Paris ist die größte Stadt in Frankreich; dort leben 2 138 551 Einwohner auf 105 km^2. In Italien liegt Rom an der Spitze mit 2 708 395 Einwohnern auf 1285 km^2. London ist mit Abstand die größte Stadt in England mit einer Fläche von 1579 km^2 und 7 554 236 Einwohnern. Deutschland ist mit zwei Städten europäische Spitzenklasse: In Berlin leben 3 416 255 Einwohner auf 892 km^2, in Hamburg 1 770 629 Einwohner auf 755 km^2. Warschau ist die größte Stadt in Polen mit 1 706 624 Einwohnern und einer Fläche von 518 km^2.

a) Runde die Einwohnerzahlen auf Hunderttausender und die Flächenangaben auf Hunderter.

b) Stelle die Einwohnerzahlen und die Flächenangaben jeweils in einem Säulendiagramm dar.

c) Berechne die Einwohnerdichte Einwohner : Fläche, also das Verhältnis von Einwohnern zur Fläche der einzelnen Städte, und stelle sie in einem Säulendiagramm dar.

Runden von Zahlen

1. Unterstreiche die Rundungsstelle.
2. Ist die Ziffer **rechts** von der Rundungsstelle **kleiner als 5**, wird **abgerundet**. Dabei bleibt die unterstrichene Ziffer der Rundungsstelle erhalten, alle Ziffern rechts davon werden 0.
   Beispiel: $3\underline{5}31 \approx 3\underline{5}00$
3. Ist die Ziffer **rechts** von der Rundungsstelle **größer oder gleich 5**, wird **aufgerundet**. Dabei wird die unterstrichene Ziffer der Rundungsstelle um 1 erhöht, alle Ziffern rechts davon werden 0.
   Beispiel: $3\underline{5}51 \approx 3\underline{6}00$

Übung 5

Rechnen mit natürlichen Zahlen

Für den Weihnachtsmarkt backen die Schüler der Klassen 5a und 5b Schokoladenplätzchen. Insgesamt haben sie 1518 Plätzchen gebacken. Zum Probieren legen die Schüler 80 Plätzchen zur Seite. Die restlichen Plätzchen sollen in großen Tütchen zu je 20 Stück verpackt werden. Der letzte Rest kommt in kleine Tütchen zu je 3 Stück.
Wie viele große und kleine Tütchen werden zum Verpacken benötigt?

Übung 6

Natürliche Zahlen; Rechenregeln; Rechenausdrücke

Schreibe einen Rechenausdruck auf und berechne ihn.

a) Dividiere die Differenz von 51 und 15 durch die Summe aus 8 und 4.

b) Multipliziere die Differenz aus 148 und 53 mit der Summe aus 258 und 941.

c) Subtrahiere vom Produkt der Zahlen 13 und 351 die Summe der Zahlen 254 und 571 und multipliziere diese Differenz mit dem Quotienten der Zahlen 50 904 und 14.

Übung 7

Große Zahlen; Rechenregeln

Folgende Filme waren in den Kino-Charts 2007 ganz weit vorne: *Ratatouille* mit 5 911 000 Besuchern, *Mr. Bean macht Ferien* mit 3 411 000 Besuchern, *Die Simpsons* mit 4 592 000 Besuchern und *Piraten der Karibik III* mit 6 073 000 Besuchern. An der Spitze lag *Harry Potter V* mit 7 076 000 Zuschauern.
Wie viele Besucher haben diese Filme insgesamt gesehen?

Übung 8

Große Zahlen; Rechenregeln

Im Jahr 2007 hatte der Stuttgarter Flughafen 10 328 120 Passagiere. Das waren 216 774 Passagiere mehr als im Vorjahr. 2007 hatte der Frankfurter Flughafen 54 157 817 Passagiere, im Jahr 2006 waren es noch 52 821 778. In Berlin-Tegel gab es 13 357 741 Passagiere im Jahr 2007, 2006 waren es 11 812 625 Fluggäste.

a) Wie viele Passagiere hatte der Stuttgarter Flughafen 2006?

b) Wie viele Passagiere hatte der Frankfurter Flughafen 2007 mehr als im Vorjahr?

c) Wie viele Passagiere hatten die drei Flughäfen zusammen im Jahr 2007?

d) Welcher Flughafen hatte 2007 im Verhältnis den größten Zuwachs an Passagieren?
Tipp:
„Verhältnis" heißt „Quotient", d. h. berechne mit dem Taschenrechner den Quotienten Zuwachs : Passagierzahl.

Übung 9

Umwandeln von Größen

Für das Spielfeld und den Fußball gibt es folgende offizielle international und national verbindlichen Regeln bei der Durchführung eines Fußballspieles:

- Gespielt wird auf einem rechteckigen Feld. Die Länge der kurzen Seiten (Torlinie) muss zwischen 450 dm und 9000 cm, die der langen Seiten (Seitenlinie) zwischen 0,09 km und 120 000 mm betragen.
- Das Spielfeld wird durch weiße Linien markiert. Alle Linien dürfen höchstens 0,12 m breit sein. Der Radius der Kreise beträgt 9150 mm um den Anstoßpunkt bzw. die Strafstoßmarke.
- Der Abstand zwischen den Innenkanten der Torpfosten beträgt 0,00732 km, die Unterkante der Querlatte ist 24,4 dm vom Boden entfernt.
- Der Fußball ist kugelförmig und muss aus einem geeigneten Material bestehen, z. B. aus Leder. Er soll einen Umfang von 680 mm bis 0,7 m haben und zwischen 410 000 mg und 0,45 kg schwer sein.

Wandle die Maßangaben im Text so um, dass sinnvolle Einheiten entstehen.

Umrechnung von Größen: Länge und Gewicht

Längeneinheiten

$$\boxed{1\,\text{km}} \xrightarrow{:1000} \boxed{1\,\text{m}} \xrightarrow{:10} \boxed{1\,\text{dm}} \xrightarrow{:10} \boxed{1\,\text{cm}} \xrightarrow{:10} \boxed{1\,\text{mm}}$$

Beachte:
1 km = 1000 m; 1 m = 10 dm; 1 dm = 10 cm; 1 cm = 10 mm

Gewichtseinheiten

$$\boxed{1\,\text{t}} \xrightarrow{:1000} \boxed{1\,\text{kg}} \xrightarrow{:1000} \boxed{1\,\text{g}} \xrightarrow{:1000} \boxed{1\,\text{mg}}$$

Übung 10

Umwandeln von Größen

In einem Lexikon findet man die folgenden Angaben zu den Gewichten von Tieren:
Ein Marder wiegt zwischen $\frac{3}{4}$ kg und 1,75 kg, ein Wildkaninchen etwa 1,5 kg, ein Meerschweinchen zwischen 0,8 kg und $\frac{3}{2}$ kg und ein Igel bis 1,25 kg.
Schreibe die Gewichte der Tiere in Gramm (g).

Marder: ____________________ Wildkaninchen: ______________

Meerschweinchen: __________ Igel: ______________________

Übung 11

Rechnen mit Größen

a) Familie Bubeck fährt mit dem Auto in die Ferien. Bei der Abfahrt zeigt der Kilometerzähler 52 072 km an, bei der Rückkehr 54 005 km. Wie viele Kilometer sind sie gefahren?

b) Als Herr Maier sein Auto gekauft hat, zeigte der Tachometer 17 893 km. Seitdem ist er 25 432 km gefahren.
Was zeigt der Tachometer jetzt an?

Übung 12

Rechnen mit Größen

Es ist Familientag im Freizeitpark. Zur Feier des Tages kostet jede Eintrittskarte 12 €.
Wie viele Besucher waren an diesem Tag im Park, wenn die Gesamteinnahmen 42 936 € betrugen?

Übung 13

Umwandeln von Größen; Rechnen mit Größen

Ein Autotransporter darf mit maximal acht Autos mit einem Gesamtgewicht von 9,94 t beladen werden. Er soll vier Kombis mit einem Gewicht von jeweils 1,52 t, drei Kleinwagen mit einem Gewicht von je 870 kg und einen Geländewagen mit einem Gewicht von 2,4 t mitnehmen.
Überschreitet der Transporter das zulässige Gesamtgewicht?

Größen mit Komma

Wichtig für das Umwandeln von Größen mit Komma ist die **Umrechnungszahl**. Sie beträgt bei den Gewichten **1000**.

Beim Umwandeln in eine nächst **größere** Einheit verschiebst du das Komma um die Anzahl der Nullen in der Umrechnungszahl nach **links**, beim Umwandeln in eine nächst **kleinere** Einheit verschiebst du das Komma entsprechend nach **rechts**.

Entstehen Lücken, musst du Nullen auffüllen.
Beispiel:
5,26 kg = 5260 g

Übung 14

Umwandeln von Größen: Zeit

Juri Gagarin war ein sowjetischer Kosmonaut und der erste Mensch im Weltall. Am 12. April 1961 startete er um 9.07 Uhr Moskauer Zeit zu seinem bemannten Raumflug. Nach 108 Minuten im All kehrte er wohlbehalten wieder zur Erde zurück.
Gib den Zeitpunkt der Landung an.

Übung 15

Umwandeln von Größen: Zeit

Der Apollo-11-Mission der amerikanischen Raumfahrtbehörde NASA gelang die erste Landung auf dem Mond. Am 20. Juli 1969 um 20.18 Uhr landete die Mondfähre auf dem Mond. Der Aufenthalt auf dem Mond dauerte insgesamt 21 Stunden und 36 Minuten. Am 24. Juli 1969 um 16.52 Uhr ereichte die Raumkapsel wieder die Erde.

a) Berechne den Zeitpunkt des Starts vom Mond.

b) Wie lange dauerte der Rückflug?

Umrechnung von Größen: Zeit

Zeiteinheiten

1 Jahr —(:365)→ 1 d —(:24)→ 1 h —(:60)→ 1 min —(:60)→ 1 s

Beachte:
1 Jahr = 365 d; 1 d = 24 h; 1 h = 60 min; 1 min = 60 s

Übung 16

Umwandeln von Größen: Zeit; Rechenregeln

Die Serie „Gute Zeiten, schlechte Zeiten" ist mit bisher über 4050 ausgestrahlten Folgen die erfolgreichste Seifenoper Deutschlands. Seit dem Sendestart am 11. Mai 1992 wird die Serie montags bis freitags von 19.40 Uhr bis 20.15 Uhr ausgestrahlt.

a) Angenommen, du schaust alle 4050 bisherigen Sendungen hintereinander an und schläfst 8 Stunden am Tag. Reichen deine Sommerferien dazu?

b) Auf eine normale DVD passen 120 Minuten Sendezeit. Wie viele DVDs bräuchte man, um alle Sendungen aufzuzeichnen?

c) Eine DVD in einer dünnen Hülle ist 0,5 cm breit. Welchen Platz nehmen die DVDs mit allen Folgen ein?

Übung 17

Flächeninhalt: Rechteck

Familie Bauer hat einen rechteckigen Garten, der 12 m breit und 84 m lang ist. An einer der schmaleren Seiten ist eine Hecke. An den anderen drei Seiten befindet sich ein Zaun.

a) Wie lang ist der Zaun?

b) Wie groß ist der Garten?

c) Auf der einen Hälfte des Gartens wächst ein schöner grüner Rasen. Wie lange braucht Herr Bauer zum Rasenmähen, wenn er mit seinem Rasenmäher in einer Viertelstunde 48 m^2 schafft?

Das Rechteck

Flächeninhalt

Für den Flächeninhalt eines Rechtecks gilt die Formel:

Flächeninhalt = Länge · Breite = $l \cdot b$

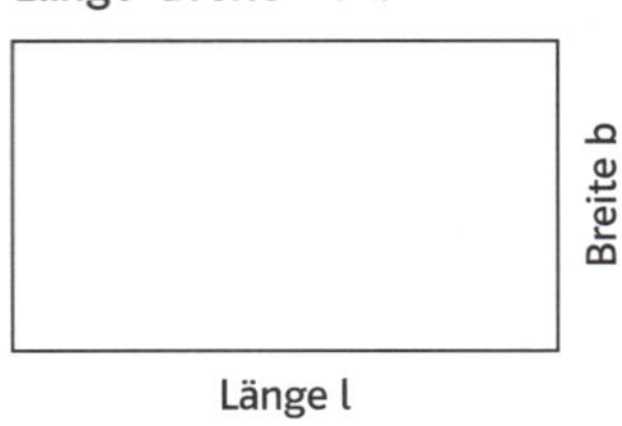

Umfang

Für den Umfang eines Rechtecks gilt die Formel:

Umfang = Länge + Breite + Länge + Breite

= 2 · Länge + 2 · Breite

= 2 · (Länge + Breite) = $2 \cdot (l + b)$

Übung 18

Flächeninhalt und Umfang: Rechteck; Umwandeln von Größen

Ein nationales Fußballfeld darf folgende Maße haben:
Die Länge der kurzen Seiten (Torlinie) muss zwischen 45 und 90 Meter, die der langen Seiten (Seitenlinie) zwischen 90 und 120 Meter betragen; theoretisch zulässige annähernd quadratische Spielfelder kommen in der Praxis aber nicht vor. Üblich sind 68 Meter auf 105 Meter wegen der in Leichtathletikstadien umlaufenden 400-m-Kunststoffbahn mit 100-m-Gerade. Diese Spielfeldgröße muss auch in einigen Europacupwettbewerben exakt eingehalten werden.

a) Berechne den kleinst- und den größtmöglichen Flächeninhalt und den kleinst- und den größtmöglichen Umfang der nationalen Fußballfelder.

b) Gib alle Flächenangaben in m^2, a und ha an und alle Umfänge in km.

Umrechnung von Größen: Flächeninhalt

Flächeneinheiten

$1\,km^2 \xrightarrow{:100} 1\,ha \xrightarrow{:100} 1\,a \xrightarrow{:100} 1\,m^2$

$1\,m^2 \xrightarrow{:100} 1\,dm^2 \xrightarrow{:100} 1\,cm^2 \xrightarrow{:100} 1\,mm^2$

Beachte:
$1\,km^2 = 100\,ha$; $1\,ha = 100\,a$; $1\,a = 100\,m^2$;
$1\,m^2 = 100\,dm^2$; $1\,dm^2 = 100\,cm^2$; $1\,cm^2 = 100\,mm^2$

Übung 19

Flächeninhalt und Umfang: Rechteck

Ein Grundstück von 16,5 m Länge und 12 m Breite soll mit Rasen eingesät werden. Der Gärtner macht einen Kostenvoranschlag von 4 € pro m^2.

a) Wie viel kostet der neue Rasen?

b) An einer der beiden schmalen Seiten grenzt das Grundstück an eine Mauer. Der Rest des Grundstückes soll umzäunt werden.
Wie lang wird der Zaun?

Übung 20

Flächeninhalt: Rechteck; Umwandeln von Flächeneinheiten

Eine rechteckiges Wiesengrundstück, das 235 m lang und 185 m breit ist, soll als Baugelände erschlossen werden. Auf Wege, Gräben und dergleichen entfallen 98,75 a. Die einzelnen Bauplätze haben jeweils eine Größe von 840 m^2.
Wie viele Bauplätze erhält man?

Übung 21

Flächeninhalt: Rechteck; Umwandeln von Größen

Ein rechteckiges Feld hat eine Länge von 580 m und eine Breite von 140 m. Bauer Knolle möchte auf diesem Feld Weizen anbauen. Dafür benötigt er etwa 1,8 kg Weizensaat pro Ar.
Wie viel kg Weizensaat muss Bauer Knolle kaufen?

Übung 22

Flächeninhalt und Umfang: Rechteck

Familie Jäger sucht einen Teppichboden für Beates Zimmer, das 3,5 m breit und 6 m lang ist. Sie findet ein Sonderangebot mit den folgenden Angaben: $1\,m^2$ Teppichboden für 5 €, Rollenbreite 4 m.

a) Wie viel Teppichboden sollte Familie Jäger kaufen, wenn sie möglichst wenig stückeln will? Wie teuer wird dann der neue Boden?

b) Wie teuer wird die billigste Variante?

Übung 23

Flächeninhalt und Umfang: Rechteck

Ein Rechteck hat einen Flächeninhalt von $324\,cm^2$. Wie verändern sich Flächeninhalt und Umfang, wenn …

a) eine Seite verdoppelt wird?

b) eine Seite halbiert wird?

c) beide Seiten verdoppelt werden?

d) beide Seiten halbiert werden?

e) eine Seite verdoppelt und die andere halbiert wird?

Tipp:
Wähle mögliche Seitenlängen aus und probiere.

5./6. KLASSE

7./8. KLASSE

9./10. KLASSE

Übung 24

Flächeninhalt: Drachen

Jonas und David bauen einen Drachen mit Holzleisten und Transparentpapier. Die Leisten für die Diagonalen sind 70 cm und 1,10 m lang.
Wie viel Transparentpapier brauchen David und Jonas mindestens?

Übung 25

Flächeninhalt: Parallelogramm und Rechteck

Familie Grün besitzt ein Grundstück in der Form eines Parallelogramms. Zwei Seiten des Parallelogramms sind jeweils 150 m lang und haben einen Abstand von 36 m. Die beiden kürzeren Seiten sind 45 m lang. Dieses Grundstück soll Familie Grün umtauschen gegen ein 90 m langes rechteckiges Grundstück.
Wie breit muss das neue Grundstück sein, damit Familie Grün beim Tausch nicht schlecht wegkommt?

Flächeninhalte

Drachen
Für den Flächeninhalt eines Drachens mit den Diagonalen d_1 und d_2 gilt die Formel:

Flächeninhalt = (Diagonale · Diagonale) : 2 oder

$= \frac{1}{2} \cdot d_1 \cdot d_2$

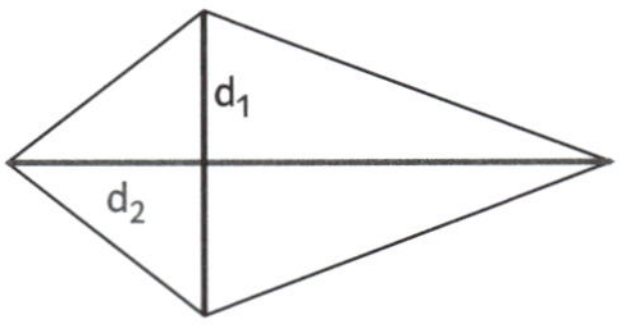

Parallelogramm
Für den Flächeninhalt eines Parallelogramms mit Seite a und zugehöriger Höhe h_a gilt die Formel:

Flächeninhalt = Seite · zugehörige Höhe

$= a \cdot h_a$

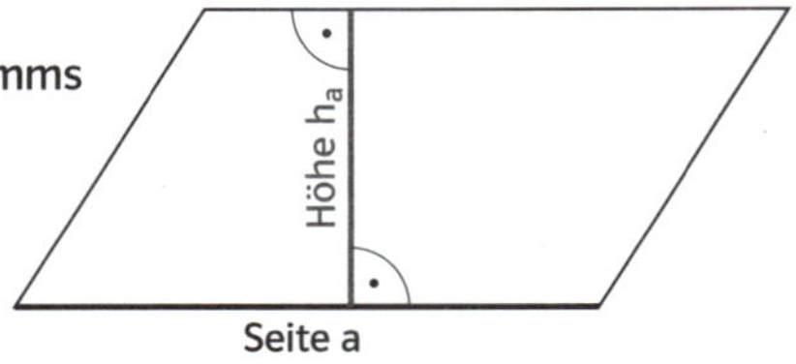

Übung 26

Flächeninhalt und Umfang: Dreieck

Zeichne ein beliebiges Dreieck ABC. Markiere die Hälfte der Strecke $\overline{AB}$ mit D und zeichne von diesem Punkt D aus eine Parallele zur Seite $\overline{AC}$. Markiere den Schnittpunkt dieser Parallelen mit der Seite $\overline{BC}$ mit E und zeichne von E aus wieder eine Parallele zur Dreiecksseite $\overline{AB}$. Markiere den Schnittpunkt dieser Parallelen mit der Seite $\overline{AC}$ mit F. Verbinde F mit D, so erhältst du das Dreieck DEF.
Miss die notwendigen Strecken und vergleiche Umfang und Flächeninhalt der beiden Dreiecke.

Flächeninhalt: Das Dreieck

Für den Flächeninhalt eines Dreiecks mit Grundseite g und zugehöriger Höhe h_g gilt die Formel:

Flächeninhalt = (Grundseite · Höhe) : 2 oder

$= \frac{1}{2} \cdot \text{Grundseite} \cdot \text{Höhe}$

$= \frac{1}{2}\, g \cdot h_g$

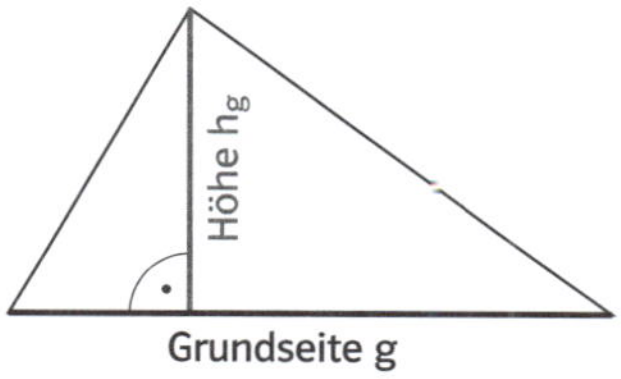

Übung 27

Flächeninhalt: Parallelogramm und Dreieck; Rechenregeln

Der Einfahrtsbereich vor der Garage von Familie Bizer hat die Form eines Trapezes (s. Abbildung).

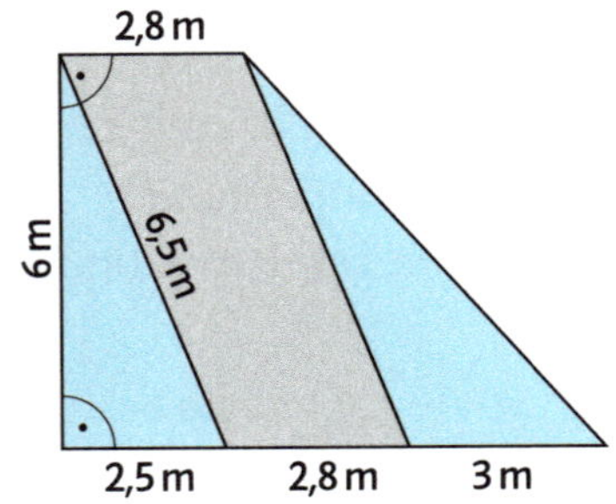

Herr Bizer will den Bereich neu gestalten: Die Einfahrt soll gepflastert werden, der Rest soll mit Blumen bepflanzt werden. Ein Pflasterstein ist etwa quadratisch mit einer Seitenlänge von 10 cm. Ein m^2 Pflastersteine kostet etwa 12 €.

a) Welchen Flächeninhalt haben die Teilstücke, die bepflanzt werden?

b) Wie teuer werden die Pflastersteine?

Übung 28

Rauminhalt/Volumen: Quader; Umrechnen von Raummaßen

Eine Umzugsfirma hat Umzugskartons in zwei verschiedenen Größen. Der große Karton hat ein Fassungsvermögen von 72 l und die Maße 60 cm × 30 cm × 40 cm. Der kleinere Umzugskarton hat das ha be Fassungsvermögen. Welche Maße kann dieser Karton haben?
Kreuze alle richtigen Möglichkeiten an.

- 60 cm × 30 cm × 20 cm
- ○ 30 cm × 15 cm × 20 cm
- ○ 30 cm × 30 cm × 40 cm
- ○ 12 cm × 30 cm × 10 cm

Rauminhalt: Der Quader

Für den Rauminhalt (das Volumen) eines Quaders gilt die Formel:
Rauminhalt = Länge · Breite · Höhe = $l \cdot b \cdot h$

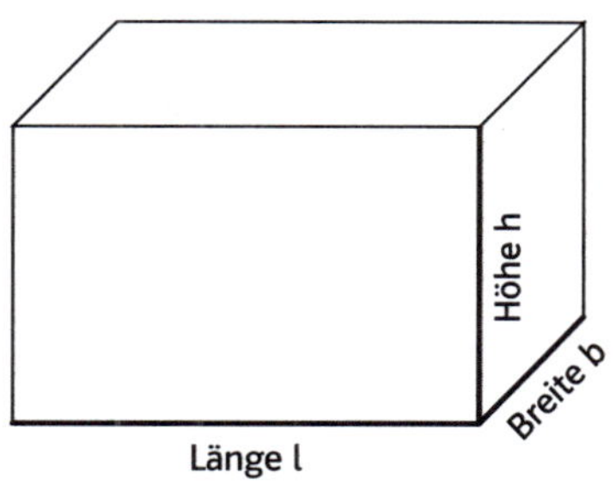

Umrechnen von Größen: Volumen

Raumeinheiten

$1\,m^3 \xrightarrow{:1000} 1\,dm^3 \xrightarrow{:1000} 1\,cm^3 \xrightarrow{:1000} 1\,mm^3$

Beachte:
$1\,m^3 = 1000\,dm^3$; $1\,dm^3 = 1000\,cm^3$; $1\,cm^3 = 1000\,mm^3$

Hohlmaße
$1\,l = 1\,dm^3$
1 hl (Hektoliter) = 100 l

5./6. KLASSE

7./8. KLASSE

9./10. KLASSE

Übung 29

Rauminhalt/Volumen: Quader; Umrechnen von Raummaßen

Das Spielfeld des FC Bayern München in der Allianz-Arena ist 68 m breit und 105 m lang. Während eines Gewitters fielen 40 l Regen auf 1 m^2.

a) Wie viel Wasser fiel auf den ganzen Platz?

b) Wie viele 10-l-Eimer könnten mit dem Regenwasser gefüllt werden?

c) Wie hoch stand das Wasser auf dem Platz?

Übung 30

Rauminhalt/Volumen: Quader; Umrechnen von Raummaßen

Ein Rollfeld des Frankfurter Flughafens ist 4 km lang und 60 m breit. Es soll eine neue Asphaltdecke bekommen, die 10 cm dick ist. Ein Lkw kann 7 m^3 Asphalt transportieren.

a) Wie viel m^3 Asphalt werden für den neuen Belag benötigt?

b) Wie viele Lkw-Ladungen müssen dafür transportiert werden?

Übung 31

Rauminhalt und Oberfläche: Quader

Die Schule schafft neue, quaderförmige Sitzbänke aus Stein für den Pausenhof an. Eine Sitzbank ist 1,80 m lang, 60 cm tief und 90 cm hoch. Ein dm^3 Stein hat eine Masse von 2,2 kg.

a) Wie schwer ist die Sitzbank?

b) Die Sitzbank soll mit Farbe gestrichen werden; 1 l der Farbe reicht für 5 m^2.
Wie teuer wird die Farbe, wenn die Sitzbank 20 cm tief im Boden verankert wird und die Farbe pro 1-l-Eimer etwa 4 € kostet?

Übung 32

Rauminhalt und Oberfläche: Quader

Trockener Pulverschnee bringt eine Masse von 30 bis 50 Kilogramm pro Kubikmeter auf die Waage, feuchter Neuschnee kann bis zu 200 Kilogramm pro Kubikmeter schwer sein. Verdichtet sich der Schnee dann, kann er eine Masse von bis zu 500 Kilogramm pro Kubikmeter erreichen. Das Dach des Flachbungalows von Familie Kimmig ist 15 m lang und 10 m breit. Im Winter hat es 30 cm Neuschnee geschneit.

a) Wie viel m^3 Schnee liegt auf dem Dach?

b) Wie schwer ist der Schnee mindestens, wie schwer maximal?

c) Wie viel Liter Schmelzwasser laufen vom Dach, wenn 16 dm^3 Schnee einen Liter Schmelzwasser ergeben?

Übung 33

Rauminhalt und Oberfläche: Quader

Eine quaderförmige Schachtel hat eine Oberfläche von 306 cm². Ihre Länge ist fünfmal so groß wie ihre Höhe und ihre Breite ist doppelt so groß wie die Höhe.
Berechne das Volumen der Schachtel.

Übung 34

Rauminhalt/Volumen: Quader

Wenn ein Körper im Wasser schwimmt, dann ist seine Masse gleich der Masse des verdrängten Wassers. Eis hat eine Dichte von 0,9 $\frac{g}{cm^3}$, Wasser eine Dichte von 1 $\frac{g}{cm^3}$.
Eis hat eine geringere Dichte als das Wasser, es schwimmt also.
Ein Eiswürfel hat die Kantenlänge von 5 cm.
Wie tief taucht der Eiswürfel ins Wasser ein?

Übung 35

Negative Zahlen; Durchschnittswert

a) Das Tote Meer liegt 420 m unter dem Meeresspiegel, der Berg Sinai ist 2285 m hoch.
Berechne den Höhenunterschied zwischen dem Berg Sinai und dem Toten Meer.

b) Der Baikalsee ist der größte, tiefste und älteste Süßwassersee der Erde. Seine Oberfläche befindet sich 455 m über dem Meeresspiegel. Seine tiefste Stelle ist 1680 m unter dem Meeresspiegel.

Wie tief ist der Baikalsee insgesamt?

c) In Bomnak (Russland) betragen die mittleren monatlichen Temperaturen von Januar bis Dezember:

Jan	Feb	März	April	Mai	Jun	Jul	Aug	Sep	Okt	Nov	Dez
−32 °C	−26 °C	−15 °C	−2 °C	5 °C	14 °C	18 °C	13 °C	6 °C	−4 °C	−19 °C	−30 °C

Berechne die durchschnittliche Jahrestemperatur.

Übung 36

Negative Zahlen; Rechenausdrücke; Rechenregeln

Stelle einen Rechenausdruck auf und berechne ihn möglichst geschickt.

a) Multipliziere −48 mit −8 und −50.

b) Multipliziere die Summe von 24, −72 und 12 mit 13.

c) Dividiere das Produkt von −24 und 60 durch −6.

d) Addiere das Produkt von 23 und −18 zum Produkt von −2 und 23.

Übung 37

Brüche kürzen und anordnen

Ein Baum wird als „schlank“ bezeichnet, wenn seine Höhe viel größer als seine Breite ist. Wenn der Baum sehr breit und niedrig ist, wird er als „ausladend“ oder „gedrungen“ bezeichnet.
In einem Lexikon findet man die folgenden Angaben:

Baum	Kiefer	Birke	Linde	Ahorn	Lärche	Weide
Breite	18 m	30 m	22 m	18 m	14 m	15 m
Höhe	45 m	48 m	28 m	20 m	36 m	10 m

a) Schreibe den Schlankheitswert der einzelnen Bäume als Bruch $\frac{\text{Breite}}{\text{Höhe}}$ und kürze die Brüche vollständig.

b) Ordne die Bäume nach ihrem Schlankheitswert von „schlank“ bis „gedrungen“.

Übung 38

Brüche von Größen

Ein Coconut-Kiss-Cocktail (200 ml) besteht aus
$\frac{3}{20}$ Kokossirup, $\frac{1}{10}$ Sahne, $\frac{1}{4}$ Ananassaft, $\frac{1}{4}$ Orangensaft, $\frac{2}{40}$ Grenadine, der Rest ist Wasser.
Wie viel ml Wasser muss noch zugefügt werden?

Übung 39

Brüche von Größen

Leonardo da Vinci (1452 – 1519) beschreibt die idealen Maße des Menschen so:
„Die gesamte Hand entspricht einem Zehntel der Körpergröße.
Der Fuß macht den siebenten Teil der Größe eines Menschen aus.
Vom Kinn bis zum Scheitel ist es ein Achtel. Die Entfernung von der Kinnspitze bis zur Nase und vom Haaransatz zu den Augenbrauen ist immer die gleiche und entspricht, wie das Ohr, einem Drittel des Gesichtes."
Tim ist 1,40 m groß. Wie lang müssten seine Hände, seine Füße, sein Gesicht und seine Ohren nach da Vinci sein?
Tipp:
Wandle die Größe in cm um.

Übung 40

Brüche von Größen

In Deutschland leben ungefähr 82 Millionen Menschen, $\frac{4}{5}$ davon leben in den Städten. Allein die Hauptstadt Berlin hat rund 3,4 Millionen Einwohner. Hamburg ist mit einem Anteil von etwa $\frac{21}{1000}$ die zweitgrößte Stadt Deutschlands.

a) Berechne, wie viele Menschen in Städten leben.

b) Welcher Anteil der Bundesbürger lebt in Berlin?

c) Berechne, wie viele Einwohner ungefähr in Hamburg leben.

Übung 41

Brüche darstellen

Frau Gutekunst möchte ihren Schülern jeweils ein Viertel des Bastelpapiers zum Arbeiten zuteilen. Ihr fallen mehrere Möglichkeiten ein, wie sie ein DIN-A4-Blatt zuschneiden kann.
Zeichne möglichst viele Möglichkeiten auf.

Übung 42

Brüche vergleichen

Uli behauptet: „Von zwei Brüchen ist derjenige der kleinere Bruch, der den kleineren Zähler hat."
Hat Uli Recht? Begründe deine Antwort.

Übung 43

Brüche vergleichen

„Die letzte Mathearbeit ist miserabel ausgefallen", jammert der Lehrer. „Mehr als zwei Drittel haben eine Vier oder schlechter geschrieben."

Note	1	2	3	4	5	6
Schüler	1	3	6	7	5	2

Hat der Lehrer Recht? Begründe.

Übung 44

Brüche addieren

Helge möchte sich einen neuen MP3-Player kaufen. $\frac{2}{3}$ des Kaufpreises hat er bereits gespart. Seine Eltern geben ihm $\frac{1}{6}$ des Kaufpreises dazu, seine Großeltern übernehmen noch $\frac{1}{8}$.
Reicht Helges Geld, wenn der Preis des MP3-Players um $\frac{1}{25}$ reduziert wird?

Addition von Brüchen

Du kannst Brüche auf zwei Arten addieren:

1. Erweitere beide Brüche mit dem Nenner des jeweils anderen Bruches.
   Vorteil: Dieses Verfahren funktioniert immer.
   Nachteil: Es entstehen oft sehr große Zahlen in Zähler und Nenner.
2. Schreibe die Vielfachen der Nenner auf und suche ein gemeinsames Vielfaches; das kleinste gemeinsame Vielfache ist der Hauptnenner.

5./6. KLASSE

7./8. KLASSE

9./10. KLASSE

Übung 45

Mit Brüchen rechnen

Stelle jeweils einen Rechenausdruck auf und berechne.

a) Addiere $\frac{7}{8}$ zum Produkt aus $\frac{15}{4}$ und $\frac{17}{3}$.

b) Multipliziere die Summe von $\frac{2}{5}$ und $\frac{8}{15}$ mit der Differenz von $\frac{1}{2}$ und $\frac{1}{7}$.

c) Addiere das Produkt aus $\frac{9}{2}$ und $\frac{4}{15}$ zur Differenz aus $\frac{7}{10}$ und $\frac{1}{5}$.

d) Subtrahiere den Quotienten aus $\frac{9}{20}$ und $\frac{2}{5}$ von der Summe aus $\frac{1}{4}$ und $\frac{5}{8}$.

e) Multipliziere den Quotienten aus 5 und 8 mit der Differenz aus $\frac{7}{3}$ und $\frac{4}{5}$.

Multiplizieren von Brüchen

1. Schreibe die Aufgabe in einen Bruch. Überprüfe, ob du schon vor dem Multiplizieren eine Zahl aus dem Zähler mit einer Zahl aus dem Nenner kürzen kannst.
2. Multipliziere Zähler mit Zähler und Nenner mit Nenner.

Beispiel: $\frac{2}{5} \cdot \frac{3}{4} = \frac{2 \cdot 3}{5 \cdot 4} = \frac{1 \cdot 3}{5 \cdot 2} = \frac{3}{10}$

Dividieren von Brüchen

Multipliziere den ersten Bruch mit dem Kehrbruch des zweiten Bruches.

Beispiel: $\frac{8}{15} : \frac{4}{5} = \frac{8}{15} \cdot \frac{5}{4} = \frac{2 \cdot 1}{3 \cdot 1} = \frac{2}{3}$

Übung 46

Anteile vergleichen

Mini und Maxi haben eine Taschengelderhöhung bekommen.
Mini erhält jetzt 25 € statt 20 € pro Monat, Maxi 16 € statt früher 12 €.
Maxi jammert: „Immer bekommst du mehr als ich."
Mini entgegnet: „Diesmal bist du doch besser weggekommen als ich."
Was meint Mini damit?

Übung 47

Rechnen mit Brüchen und Dezimalzahlen

Lukas rechnet mit seinem Taschengeld: „Ich erhalte jede Woche 3,50 € Taschengeld. Davon gebe ich $\frac{1}{5}$ für Süßigkeiten aus und $\frac{4}{7}$ brauche ich fürs Schwimmbad. Den Rest spare ich für eine Computerzeitung, die alle 4 Wochen erscheint und 2,90 € kostet."
Kann sich Lukas die Zeitung regelmäßig kaufen?

Übung 48

Rechnen mit Dezimalzahlen

Steffi hat ein Handy mit einer aufladbaren Karte. Tagsüber zahlt sie von 6 Uhr bis 20 Uhr pro Minute 0,39 €. Nachts von 20 Uhr bis 6 Uhr zahlt sie nur 0,19 €. Anja hat ihre Prepaid-Karte von einem anderen Anbieter; sie zahlt nur 9 ct pro Minute, egal zu welcher Tageszeit.

a) Steffi telefoniert am Montag mit ihrer Freundin von 19.42 Uhr bis 20.14 Uhr.
Wie teuer ist das Telefonat?
Wie viel würden die beiden sparen, wenn Anja Steffi anrufen würde?

b) Wie viele Minuten kann Steffi unter der Woche tagsüber mit einem Startguthaben von 10 € telefonieren und wie viele Minuten Anja?

Übung 49

Rechnen mit Brüchen und Dezimalzahlen

Ein Strauß wiegt ungefähr 150 kg. Er legt die größten Eier mit einem Gewicht von bis zu 1,8 kg pro Ei.
Der Kiwi mit einem Körpergewicht von 1,7 kg legt das schwerste Ei im Verhältnis zu seinem Körper. Es wiegt ca. $\frac{1}{4}$ seines eigenen Körpergewichts.

a) Berechne, wie schwer das Straußen-Ei im Verhältnis zum Körper ist.

b) Wie schwer ist ein Kiwi-Ei durchschnittlich?

Übung 50

Rechnen mit Brüchen und Dezimalzahlen

Für einen wohltätigen Zweck dürfen die sechsten Klassen auf Streuobstwiesen Äpfel einsammeln und zu Saft pressen lassen. Sie erhalten genau 100,5 l Saft. Der Saft soll in $\frac{3}{4}$-l-Flaschen abgefüllt werden.
Wie viele Flaschen erhält die Klasse?

Übung 51

Rechnen mit Dezimalzahlen

Micha hat sich mit seinen Freunden im Freibad verabredet. Für den Besuch des Freibades hat er von seiner Mutter 7 € bekommen. Die Busfahrt zum Bad und zurück kostet insgesamt 1,60 € und der Eintritt 2 €. Nach dem Baden geht Micha mit seinem Restgeld zum Kiosk, um sich etwas zu essen und ein Getränk zu kaufen.

Cola, Fanta	0,25 l	1,10 €
Mineralwasser	0,75 l	1,20 €
Trinktüte	0,2 l	0,70 €
Kuchen	1 Stück	1,00 €
Kartoffelsalat	1 Portion	1,30 €
Würstchen	1 Paar	1,80 €
Pommes	1 Portion	2,00 €
Döner	1	2,50 €

Gib zwei Möglichkeiten für Michas Auswahl an und ermittle das jeweils verbleibende Geld.

5./6. KLASSE

7./8. KLASSE

9./10. KLASSE

Übung 52

Rationale Zahlen; Körperberechnungen

In eine Box mit einer Grundfläche von 0,8 m × 0,5 m werden 160 l Wasser eingefüllt.
Wie hoch steht das Wasser in der Box? Kreuze die richtige Antwort an.

○ 4 cm ○ 0,4 m ○ 2,5 cm ○ 25 cm

Umrechnung von Größen: Volumen

Raumeinheiten

$1\,m^3$ —:1000→ $1\,dm^3$ —:1000→ $1\,cm^3$ —:1000→ $1\,mm^3$

Beachte:
$1\,m^3 = 1000\,dm^3$; $1\,dm^3 = 1000\,cm^3$; $1\,cm^3 = 1000\,mm^3$

Hohlmaße
1 l = $1\,dm^3$
1 hl (Hektoliter) = 100 l

Rauminhalt: Der Quader

Für den Rauminhalt (das Volumen) eines Quaders gilt die Formel:

Rauminhalt = Länge · Breite · Höhe
= l · b · h

Musst du eine andere Größe berechnen, z. B. die Höhe, stellst du die Formel um:

$$\text{Höhe} = \frac{\text{Rauminhalt}}{\text{Länge} \cdot \text{Breite}}$$

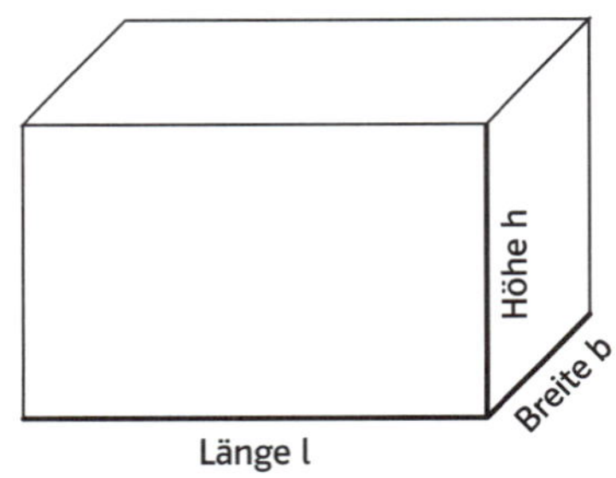

Übung 53

Rationale Zahlen; Körperberechnungen

a) Der quaderförmige Aufbau eines Lkw kann $13\frac{1}{5}$ m³ laden.
Wie oft muss ein Lkw fahren, bis die Erde einer Baugrube mit den Maßen $4\frac{2}{5}$ m × 4 m × 3 m abtransportiert ist?

b) Dominik hat ein neues Aquarium bekommen. Es ist 1,5 m lang, 0,8 m breit und 0,9 m hoch. Er füllt 750 l Wasser ein.
Wie hoch steht das Wasser im Aquarium? Kreuze die richtige Antwort an.

○ 6,25 cm ○ 62,5 cm ○ 15 cm ○ 75,6 m

Übung 54

Rationale Zahlen; Körperberechnungen

Aus einem stillgelegten, quaderförmigen Schwimmbecken mit den Maßen 12,5 m lang, 5,5 m breit und 1,8 m tief soll ein kleines Beachvolleyballfeld entstehen.

a) Der Boden des Beckens soll mit quadratischen Fliesen mit einer Kantenlänge von 25 cm neu gefliest werden.
Wie viele Fliesen werden benötigt?

b) Das Becken soll bis 10 cm unter den Rand mit Sand gefüllt werden.
Wie viel m³ Sand wird dafür benötigt?

Übung 55

Rationale Zahlen

In einem Stoffbeutel befinden sich 3 gelbe und 4 blaue Murmeln. Aus ihm sollen ohne hineinzusehen Murmeln gezogen werden. Jan, Laura und Mirjam überlegen, wie viele Murmeln sie aus dem Beutel ziehen müssen, um ganz sicher von jeder Farbe mindestens eine Murmel zu haben.

◯ Jan behauptet: „Es reichen zwei Murmeln."

◯ Laura sagt: „Es müssen mindestens fünf Murmeln sein."

◯ Mirjam entgegnet: „Vier Murmeln reichen."

Wer hat Recht? Kreuze an und begründe deine Entscheidung.

Übung 56

Rationale Zahlen

In einer Tüte befinden sich kleine Schokoladentäfelchen, und zwar 8 Tafeln Vollmilchschokolade, 6 Tafeln Marzipanschokolade und 10 Tafeln Nussschokolade. Marie und ihr Bruder Paul dürfen sich nacheinander jeder eine Tafel herausnehmen, ohne in die Tüte zu sehen.

a) Marie greift zuerst in die Tüte.
Wie groß ist die Wahrscheinlichkeit, dass sie eine Tafel Vollmilchschokolade erwischt?

Gib die Wahrscheinlichkeit als Bruch und in Prozent an.

b) Marie hat eine Vollmilchschokolade gezogen.
Wie groß ist jetzt die Wahrscheinlichkeit, dass Paul keine Marzipanschokolade zieht?

Gib auch hier die Wahrscheinlichkeit als Bruch und in Prozent an.

Übung 57

Punkte im Koordinatensystem

a) Zeichne das Dreieck A(2 | 1), B(8 | 4) und C(5 | 7) in ein Koordinatensystem und verschiebe es dann um 4 LE nach links und 5 LE nach unten.
Kannst du die Koordinaten der Bildpunkte ohne Zeichnung vorhersagen?

b) Ein Dreieck ABC mit A(2 | 5), B(6 | 6) und C(4 | 9) wurde verschoben. Der Bildpunkt von A ist A′(5 | 1). Bestimme die Bildpunkte B′ und C′.

Verschiebung

Eine Verschiebung wird durch einen Verschiebungspfeil $\vec{v}$ beschrieben. Dieser Verschiebungspfeil wird an jeden Punkt der Grundfigur „angehängt".
Dabei wird jeder Punkt der Figur um die gleiche Länge und die gleiche Richtung verschoben.

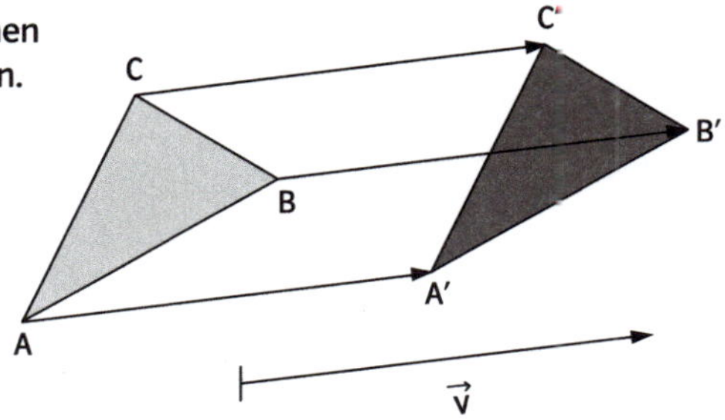

Übung 58

Punkte im Koordinatensystem; Achsenspiegelung

Samuel und Mirjam machen zusammen ihre Mathematik-Hausaufgaben. Sie sollen ein Dreieck ABC spiegeln. Die Koordinaten des Dreiecks sind A(2 | 6), B(10 | 1) und C(8 | 9). Leider wissen beide nicht mehr, wie gespiegelt werden soll. Sie kennen nur die Koordinaten des Bildpunktes von A, nämlich A′(6 | −2).

a) Zeichne die Punkte in ein Koordinatensystem. Konstruiere die Spiegelachse und bestimme durch eine Achsenspiegelung die Koordinaten von B′ und C′.

b) Zeichne die Punkte in ein Koordinatensystem. Konstruiere das Spiegelzentrum und bestimme durch eine Punktspiegelung die Koordinaten von B′ und C′.

Übung 59

Punkte im Koordinatensystem; Punktspiegelung

a) Spiegle das Dreieck ABC mit A(1 | 2), B(8 | 3), C(1 | 6) an dem Punkt Z(5|6).
Kannst du die Koordinaten voraussagen, ohne dass du das Dreieck spiegeln musst?

b) Bestimme die Koordinaten des Dreiecks ABC mit A(2 | 3), B(5 | 2) und C(3 | 6) nach einer Punktspiegelung an Z(8 | 4).

c) Der Punkt A(5 | 2) hat nach einer Punktspiegelung den Bildpunkt A′(13 | 8).
Gib die Koordinaten des Spiegelzentrums an.

Übung 60

Winkel, Abstände

Nach einer Schatzkarte ist auf der Insel ein Schatz vergraben.
Er soll von der großen Palme (P) und der Wasserstelle (W) gleich weit entfernt sein. Von der großen Palme (P) aus sieht man die Stelle, an der der Schatz vergraben sein soll, unter einem Winkel von ∢WPS = 58°.
Bestimme zeichnerisch die Stelle, an der der Schatz vergraben sein soll.

Übung 61

Rationale Zahlen; Kreisdiagramm; Winkel

Bei der Klassensprecherwahl haben alle Schüler der Klasse eine Stimme abgegeben. Mario erhält 18 Stimmen, Katharina 7 Stimmen, Niklas 3 Stimmen und Kimberley 2 Stimmen.
Zur Auswertung soll ein Kreisdiagramm gezeichnet werden.

a) Berechne die Winkel für die Anteile im Kreisdiagramm.

b) Zeichne das zugehörige Kreisdiagramm mit einem Radius $r = 4\,cm$.

Übung 62

Rationale Zahlen; Rechenregeln

Herr Schmid hat sein Auto nach 550 km wieder voll getankt.
Für diese 550 km hat er 34,10 l Benzin verbraucht.

a) Wie viel l Benzin hat sein Auto durchschnittlich auf 100 km verbraucht?

b) Wie weit kommt er mit dem vollen Tank (62 l)?

Übung 63

Rationale Zahlen; Rechenregeln

Frau Lieblings neues Auto verbraucht außerorts auf 100 km durchschnittlich nur 4,4 l Super.

a) Wie viel Benzin verbraucht sie bei einer 320 km langen Fahrt?

b) Wie weit kann sie mit vollem Tank (31 l) außerorts in etwa fahren?

Übung 64

Rationale Zahlen; Rechenregeln

Sandra hat für ihren USA-Austausch 300 € in 447,63 $ umgetauscht.

a) Wie viele US-Dollar bekommt man für 410 €?

b) Wie viele Euro muss man für 1500 $ bezahlen?

Übung 65

Rationale Zahlen; Rechenregeln

68 Kühe fressen in je 18 Tagen 169 Ballen Heu zu je 24 kg.
Wie viele Ballen zu je 26 kg fressen 102 Kühe in 13 Tagen?

Übung 66

Rationale Zahlen; Rechenregeln; Terme

Gegeben sind drei Textaufgaben 1, 2, 3 und drei Terme a, b, c.
Ordne jeder Textaufgabe den passenden Term zu und berechne ihn.

1) Moritz geht jeden Tag zum Schwimmtraining und schwimmt dort 1,2 km. Zusätzlich trainiert er noch dreimal pro Woche in der Schule und schwimmt dort 0,4 km.
Wie viel km schwimmt Moritz täglich im Schnitt?

2) Max erhält jeden Tag 1,20 € Taschengeld. Davon gibt er $2 \cdot 0{,}40$ € für Kaugummi aus und 7 € fürs Kino.
Wie viel Geld hat Max am Ende der Woche übrig?

3) Hannahs neues Aquarium ist 1,2 m lang, 0,4 m breit und 0,8 m hoch.
Im Aquarium schwimmen zur Zeit 7 Fische.
Wie viel Platz hat jeder Fisch zur Verfügung?

a) $7 \cdot 1{,}2 - (2 \cdot 0{,}4 + 7)$

b) $(7 \cdot 1{,}2 + 3 \cdot 0{,}4) : 7$

c) $(1{,}2 \cdot 0{,}4 \cdot 0{,}8) : 7$

Übung 67

Rationale Zahlen; Rechenregeln; Terme

Schreibe einen Rechenausdruck auf und berechne ihn.

a) Addiere zu 0,75 das Doppelte der Summe von 0,25 und 1,5.

b) Subtrahiere von 10,9 den Quotienten von 0,5 und 1,25.

Übung 68

Rationale Zahlen; Rechenregeln; Terme

Stelle einen Rechenausdruck auf und berechne ihn.

a) Multipliziere die Differenz von 0,75 und $\frac{5}{4}$ mit der Differenz von $\frac{3}{5}$ und 2,2.

b) Dividiere die Summe aus $\frac{4}{3}$, 0,75 und $-\frac{4}{9}$ durch 0,25.

c) Multipliziere die Differenz von 5,25 und $\frac{3}{2}$ mit $\frac{12}{5}$.

Übung 69

Rationale Zahlen; Rechenregeln; Variable; Gleichungen

Vielleicht interessiert es dich, wie groß du später einmal sein wirst. Mit einer Faustformel kannst du deine voraussichtliche Größe berechnen.

Für Jungen gilt: $(x+y+13)$ cm : 2
Dabei steht x für die Größe des Vaters in cm und y für die Größe der Mutter in cm.

Für Mädchen gilt:
Addiere die Größen des Vaters und der Mutter in cm, subtrahiere 13 cm und teile das Ergebnis durch 2.

a) Jonas' Vater ist 2 m und seine Mutter ist 180 cm groß. Berechne, wie groß Jonas voraussichtlich wird.

b) Stelle einen Rechenausdruck mit Variablen auf und berechne, wie groß Jasmin (Vater 198 cm, Mutter 168 cm) voraussichtlich wird.

Übung 70

Natürliche Zahlen; Variable; Gleichungen

Katina baut einen Turm aus Holzklötzchen. Als Fundament für den Turm legt sie 10 Klötze. Jedes Stockwerk besteht aus 4 Klötzchen.

Stelle einen Term bzw. eine Gleichung auf und beantworte damit die Fragen.

a) Wie viele Klötzchen braucht Katina für das 52. Stockwerk?

b) Wie viele Stockwerke hat der Turm, wenn er aus 122 Klötzchen besteht?

Übung 71

Rationale Zahlen; Terme

Stelle einen Rechenausdruck auf und berechne ihn.

a) Addiere −824 zum Produkt von −14 und −63.

b) Subtrahiere −513 vom Produkt der Zahlen −41 und 52.

c) Addiere zum Produkt von −25 und 13 das Produkt von −24 und −19.

d) Multipliziere das Produkt von −72 und −36 mit der Summe von −35 und 29.

Übung 72

Rationale Zahlen; Terme

Stelle jeweils einen Rechenausdruck auf und berechne ihn.

a) Addiere $\frac{7}{8}$ zum Produkt aus $\frac{15}{4}$ und $\frac{17}{3}$.

b) Multipliziere die Summe von $\frac{2}{5}$ und $\frac{8}{15}$ mit der Differenz von $\frac{1}{7}$ und $\frac{1}{2}$.

c) Subtrahiere das Produkt von 6,4 und 1,2 vom Produkt von 1,2 und 1,4.

d) Multipliziere die Differenz von 0,005 und $\frac{3}{200}$ mit −200.

Übung 73

Rationale Zahlen; Terme

Nach dem Schulfest müssen die Schüler auch bei den Aufräumarbeiten mithelfen. Der Hausmeister schätzt, dass 50 Schüler etwa 2 Stunden arbeiten müssten. Es kamen aber nur 40 Schüler zum Arbeitseinsatz. Wie lange hatten diese 40 Schüler zu arbeiten, wenn die Annahme des Hausmeisters stimmte?

Übung 74

Koordinatensystem; Winkel

Zeichne ein Viereck in ein Koordinatensystem mit den Punkten A(1|1), B(6|1), C(6|4) und D(1|4). Füge den Punkt E(6|2) hinzu. Zeichne zudem die Strecken $\overline{AE}$, $\overline{DE}$ und $\overline{AC}$ ein. Markiere den Schnittpunkt F von $\overline{AC}$ und $\overline{DE}$.
Miss die Weiten der Winkel ∢ ADE, ∢ EAC, ∢ AEB und ∢ EFA.

Übung 75

Brüche

Clara hat eine Tüte mit Gummibärchen. Sie behält $\frac{3}{5}$ davon selbst. Ihre Schwester Valerie erhält halb so viele wie sie. Die restlichen 9 Gummibärchen gibt sie ihrem Bruder Tom.
Wie viele Gummibärchen hat nun jedes Mädchen?

Übung 76

Brüche; Wahrscheinlichkeiten

Zu Larissas Geburtstagsfeier veranstalten ihre Eltern eine Tombola, bei der es keine Nieten gibt, nur Trostpreise und Hauptgewinne. Eine erste Lostrommel stellt Larissas Vater in den Garten. Sie enthält 24 Lose, von denen 18 Trostpreise sind. Die zweite Lostrommel verwaltet er in der Küche; in ihr sind fünf der 20 Lose Hauptgewinne. In welche der beiden Lostrommeln würdest du greifen? Begründe genau.

Übung 77

Flächenberechnung

Die Cheops-Pyramide hat eine quadratische Grundfläche mit einer Kantenlänge von 232 m. Sie war früher 146,6 m hoch. Ihre Seitenflächen sind 187 m hoch. Ursprünglich war die Cheops-Pyramide mit poliertem Kalkstein verkleidet, so dass sie weithin sichtbar war.

a) Wie viele Fußballfelder mit 100 m auf 75 m passen rein flächenmäßig ungefähr in die Grundfläche?

Kreuze die richtige Antwort an.

○ 2 ○ 7 ○ 17 ○ 30

b) Berechne, aus wie vielen m^2 Kalkstein die Oberfläche der Pyramide bestanden hat.

Übung 78

Natürliche Zahlen; Rechenregeln

Steffen und Daniela sitzen an der Mathematik-Hausaufgabe. Sie sollen die Aufgabe $326 \cdot 42 + 53 \cdot 326$ lösen. Steffen rechnet die Aufgabe. Hier ist sein Lösungsweg:

$326 \cdot 42 = 13\,692$

$53 \cdot 326 = 17\,278$

Ergebnis: $326 \cdot 42 + 53 \cdot 326 = 13\,692 + 17\,278 = 30\,970$.

Obwohl Steffen richtig gerechnet hat, ist Daniela nicht zufrieden.
Sie meint, das hätte Steffen viel einfacher berechnen können.
Gib an, wie Steffen einfacher hätte rechnen können.

Übung 79

Geometrie in der Ebene

Kreuze für jede der folgenden Aussagen an, ob sie wahr oder falsch ist:

	wahr	falsch
a) Wenn man bei einem Rechteck jede Seite halbiert, dann halbiert sich auch der Umfang.	◯	◯
b) Wenn man bei einem Rechteck jede Seite verdoppelt, dann verdoppelt sich auch der Flächeninhalt.	◯	◯
c) Wenn man bei einem Quadrat alle Seiten verdreifacht, dann wird der Flächeninhalt neunmal so groß.	◯	◯

Übung 80

Dezimalzahlen; Flächen- und Körperberechnungen

Das Klassenzimmer der Klasse 6a ist 8,8 m lang, 7,4 m breit und 3 m hoch. Die Klasse 6a hat beschlossen, ihren Klassenraum zu Beginn des zweiten Schulhalbjahres zu verschönern. Die Wände der Klasse sollen neu tapeziert werden. Eine ausgerollte Tapetenrolle ist 0,4 m breit und 12 m lang.

a) Berechne das Volumen des Klassenzimmers.

b) Wie viele Tapetenrollen braucht man insgesamt, wenn man eine Längsseite des Klassenzimmers wegen der Fenster und die Tür (1 m × 2,20 m) nicht tapeziert?

Gib deinen Lösungsweg mit deinen Rechnungen an.

7./8. KLASSE

5./6. KLASSE
7./8. KLASSE
9./10. KLASSE

Übung 81

Prozentwert berechnen; Kreisdiagramme

Anna liest in ihrem Erdkundebuch: Die Erde hat eine Oberfläche von etwa 510 000 000 km². Ungefähr 29 % der Erdoberfläche ist mit Land bedeckt. Die Landfläche verteilt sich wie folgt auf die Kontinente: Asien 30 %, Amerika 28 %, Afrika 20 %, Europa 7 % und Australien 6 %. Der Rest entfällt auf die Polargebiete.
Das Wasser verteilt sich auf den Pazifischen Ozean mit 47 %, den Atlantischen Ozean mit 24 %, den Indischen Ozean mit 20 %, den Südlichen Ozean mit 5 % und den Arktischen Ozean mit 4 %.

a) Wie viele km² der Erdoberfläche sind Land, wie viele Wasser?

b) Wie viele km² umfassen die einzelnen Kontinente?

c) Wie groß sind die Ozeane?

d) Zeichne für die Verteilung der Land- und Wasserflächen (gerundet auf Mio. km²) jeweils ein Kreisdiagramm.

Mit Prozenten rechnen

Als **Prozent** bezeichnet man den Anteil an einem Ganzen in Hundertstel.

$1 \text{ Prozent} = 1\,\% = \frac{1}{100} = 0{,}01$

$p\,\% = \frac{p}{100}$

Man bezeichnet das Ganze als **Grundwert**, einen Teil davon als **Prozentwert** und den Bruchteil des Ganzen als **Prozentsatz**.

Es gilt: $\frac{\text{Prozentwert}}{\text{Grundwert}} = \frac{\text{Prozentsatz}}{100}$ oder kurz $\frac{W}{G} = \frac{p}{100}$

Berechnung des Prozentwerts: $W = \frac{p \cdot G}{100}$

Berechnung des Prozentsatzes: $p = \frac{W}{G} \cdot 100$

Übung 82

Prozentwert berechnen

Im Lexikon sind die Oberflächen der Planeten aufgelistet. Dort steht z. B.: Merkur 71,76 Mio. km², Jupiter 61,42 Mrd. km², Saturn 42,61 Mrd. km², Neptun 7,62 Mrd. km². Der Mond hat eine Oberfläche von 37,96 Mio. km². Alle Planeten haben zusammen eine Oberfläche von etwa 120 Mrd. km². Im Vergleich zu den meisten anderen Planeten ist die Erde mit ihrer Oberfläche von 510 Mio. km² relativ klein. Vergleiche die Flächen der Himmelskörper miteinander und kreuze an, ob die Aussagen richtig oder falsch sind.

	richtig	falsch
a) Die Oberfläche der Erde entspricht etwa 0,83 % der Oberfläche des Jupiters.	◯	◯
b) Die Erdoberfläche beträgt 14,1 % der Oberfläche des Merkurs.	◯	◯
c) Die Oberfläche des Jupiters beträgt mehr als 800 % der Oberfläche des Neptuns.	◯	◯
d) Auf die Erde entfallen weniger als 0,5 % der Gesamtfläche aller Planeten.	◯	◯
e) Die Oberfläche des Merkurs entspricht 1,7 % der Oberfläche des Saturns.	◯	◯

Übung 83

Prozentwert berechnen

Laut der Deutschen Gesellschaft für Ernährung (DGE) ist eine Fettzufuhr von 60 bis 80 g pro Tag für einen erwachsenen Menschen ausreichend.

Herr Lorch isst zu Mittag einen Doppelburger, einen Salat und eine Portion Pommes mit Mayo, dazu trinkt er einen Milch-Shake. In der Tabelle ist der Fettgehalt von Fast Food aufgelistet.

Produkt	Gewicht in g	Fett in %
Hamburger	105	9
Cheeseburger	120	11
Doppelburger	211	12
Pommes	152	16
Mayo	20	81
Salat-Dressing	30	50
Milch-Shake	400	3

Welchen prozentualen Anteil seines täglichen Fettbedarfs hat Herr Lorch bei seinem Mittagessen schon gedeckt?

Übung 84

Grundwert und Prozentsatz berechnen

Der schwedische Chemiker und Industrielle Alfred Nobel (1833–1896) verfügte in seinem Testament: „Das Kapital soll einen Fonds bilden, dessen jährliche Zinsen als Preise denen zugeteilt werden, die im verflossenen Jahr der Menschheit den größten Nutzen geleistet haben."

Seit 1901 wird jährlich der Nobelpreis in den Gebieten der Physik, Chemie, Medizin und Literatur sowie der Friedensnobelpreis verliehen. Seit 2001 beträgt das Preisgeld für jeden Bereich umgerechnet etwa 1,1 Mio. €.

a) Überlege, wie hoch das Vermögen der Stiftung ungefähr sein könnte.

b) 1999 betrug der Geldpreis insgesamt ungefähr 920 000 €.
Berechne, um viel Prozent der Wert gestiegen ist.

5./6. KLASSE
7./8. KLASSE
9./10. KLASSE

Übung 85

Grundwert und Prozentsatz berechnen

a) Bei einer Rabattaktion werden alle Artikel um 15 % reduziert. Eine Jeans kostet nun 67,15 €.
Wie teuer war sie vor der Aktion?

b) Bei einem Sonderverkauf werden Preisnachlässe auf verschiedene Artikel gewährt. Für ein Computerspiel im Wert von 45 € erhält Steffi einen Nachlass von 6 €, eine DVD, die ursprünglich 20 € gekostet hat, ist jetzt 2,50 € billiger.
Bei welchem Artikel ist der Preisnachlass höher? Begründe.

Übung 86

Prozentsatz berechnen

Kupfer hat eine Dichte von $8{,}96\,\frac{g}{cm^3}$ und Zink eine von $7{,}14\,\frac{g}{cm^3}$.

In einem Baumarkt gibt es 5 mm breite und 2 m lange Metallstangen mit einem quadratischen Querschnitt.

a) Wie viel wiegt die Kupferstange?

b) Um wie viel Prozent ist die Zinkstange leichter?

Übung 87

Zuordnungen

a) Die Klasse 7a hat für ihre Klassenfahrt 4125 € zur Verfügung. Wie viel Euro kann die Klasse täglich ausgeben, wenn sie 5, 6 oder 7 Tage unterwegs sind? Trage die Werte in eine Tabelle ein und stelle einen Term zur Berechnung der täglichen Ausgaben auf.

b) Die Klasse 7b muss auf ihrer Klassenfahrt pro Tag mindestens 924 € für Unterkunft und Verpflegung ausgeben. Wie viel Geld benötigt sie für 5, 6 oder 7 Tage? Trage die Werte in eine Tabelle ein und stelle einen Term zur Berechnung der Gesamtkosten auf.

Übung 88

Zuordnungen; Graphen von Zuordnungen

Frau Schlaumeier zahlt ihren 18 Schülern des Mathe-Kurses 12 ein Eis. Dafür muss sie 28,80 € zahlen. Als ihre 33 Siebtklässler das hören, wollen sie auch ein Eis.

a) Wie viel müsste Frau Schlaumeier insgesamt zahlen?

b) Gib eine Gleichung an, die diese Zuordnung beschreibt, und zeichne das Schaubild in ein Koordinatensystem.

c) Frau Schlaumeier gibt 75,20 € aus. Wie viele gleiche Eisportionen hat sie gekauft?

Übung 89

Funktionsgleichung aufstellen; Funktionswerte; x-Werte bestimmen

Happy Hour in der Disco – alle Getränke kosten gleich viel.
Alex zahlt für seinen Eintritt und drei Getränke 13,50 €, Janine zahlt mit fünf Getränken 18,50 €.

a) Berechne den Eintrittspreis und die Kosten für ein Getränk.

b) Vladimir hat 25 € dabei. Wie viele Getränke kann er kaufen?

c) Eine Gruppe von 6 Personen hat insgesamt 17 Getränke gekauft. Was müssen sie bezahlen?

Steigung m bestimmen

1. Gib mit dem **GTR** die gegebenen Wertepaare ein und führe eine lineare Regression durch.
2. Schreibe die gegebenen Wertepaare auf. Die Steigung m kannst du mit der Formel $m = \frac{y_2 - y_1}{x_2 - x_1}$ berechnen.

Übung 90

Funktionsgleichung aufstellen; Funktionsgraphen zeichnen; Funktionswerte und Nullstelle bestimmen

Aus einer Tonne wird Wasser abgelassen. Nach 10 Minuten sind noch 1450 l in der Tonne, nach 15 Minuten noch 1200 l.

a) Stelle für das Wasser in der Tonne die zugehörige Funktionsgleichung auf und skizziere das Schaubild.

b) Wie viel Wasser ist nach 30 Minuten noch in der Tonne?

c) Wann ist die Tonne leer?

Übung 91

Funktionsgleichung aufstellen; Funktionsgraphen zeichnen; Funktionswerte bestimmen

Eine neue Kugelschreibermine hat eine 12 cm lange Füllung. Dieser Inhalt reicht bei intensivem, täglichem Gebrauch gerade mal 10 Wochen.

a) Stelle für die täglich und wöchentlich noch vorhandene Kugelschreiberfüllung jeweils das zugehörige Wachstumsgesetz auf und skizziere den Graphen.

b) Wie viel Füllung ist nach einer Woche, wie viel nach 20 Tagen noch in der Mine?

5./6. KLASSE

7./8. KLASSE

9./10. KLASSE

Übung 92

Funktionsgleichung aufstellen; Funktionswerte und x-Werte bestimmen

Biologen vermuten, dass es bei den meisten Schlangenarten einen Zusammenhang zwischen der Schwanzlänge und der gesamten Körperlänge gibt. Messungen bei verschiedenen Arten ergaben die folgende Wertetabelle:

Schwanzlänge in cm	3	6	8	9
Gesamtlänge in cm	20	40	$53\frac{1}{3}$	60

a) Weise nach, dass der Zusammenhang zwischen Schwanzlänge und Körperlänge durch eine lineare Funktion beschrieben werden kann. Gib die Gleichung an.

b) Bestimme die Körperlänge, wenn der Schwanz 14 cm lang ist.

c) Wie lang ist der Schwanz einer Schlange, die eine Körperlänge von 1,30 m hat?

Übung 93

Funktionsgleichung aufstellen; Funktionswerte und x-Werte bestimmen

Viele Thermometer zeigen die Temperatur sowohl in Grad Celsius als auch in Grad Fahrenheit an. Die Fahrenheit-Skala war lange Zeit in Europa in Gebrauch, bis sie durch die Celsius-Skala abgelöst wurde. Die Fahrenheit-Skala wird heutzutage vor allem in den USA sowie in einigen englischsprachigen Ländern verwendet.
Auf einem Thermometer kann man z. B. ablesen:
−50 °C = −58 °F; 30 °C = 86 °F.

a) Beschreibe, wie man einer Temperatur in °C die Temperatur in °F mithilfe einer linearen Funktion zuordnen kann.

b) Berechne die Nullstelle der Funktion. Diese Temperatur ist übrigens der Gefrierpunkt des reinen Wassers.

c) Daniel Fahrenheit, der Erfinder der nach ihm benannten Skala, setzte als 100 °F seine eigene durchschnittliche Körpertemperatur fest. Berechne diese in °C.

5./6. KLASSE
7./8. KLASSE
9./10. KLASSE

Übung 94

Funktionsgleichung aufstellen; Funktionswerte und x-Werte bestimmen; Schnittpunkte bestimmen

Herr Scholz plant die Modernisierung seiner Heizungsanlage. Für den benötigten Heizkessel und die Umbau- und Heizkosten holt er sich zwei Angebote ein:

	Ölheizung	**Holzpelletheizung**
Einmalige Anschaffungskosten	6000 €	11 000 €
Brennstoffkosten	0,58 € je l Heizöl	0,18 € je kg Holzpellets
Jahresverbrauch	3500 l	

Die Heizungsfirma teilt Herrn Scholz mit, dass 2,5 kg Holzpellets (gepresstes Brennmaterial aus Holz) denselben Heizwert wie 1 l Heizöl haben.

a) Berechne den Jahresverbrauch der Holzpelletheizung.

b) Nach wie viel Jahren lohnt sich der Einbau der Holzpelletheizung?

Übung 95

Funktionsgleichung aufstellen; Funktionsgraphen zeichnen

Martin möchte unterwegs mit seinem Laptop jederzeit mobil im Internet surfen können und vergleicht die „web-‚n'-walk"-Tarife von drei verschiedenen Anbietern.

Anbieter A	5 € Grundgebühr im Monat, 60 Freiminuten, danach 5 ct/min
Anbieter B	9,95 € Grundgebühr im Monat, 120 Freiminuten, danach 3 ct/min
Anbieter C	Flatrate für 29,95 € im Monat

Martin surft etwa 20 h im Monat, wenn er unterwegs ist.

a) Gib die Funktionsgleichung für die Kosten der drei Anbieter an und zeichne die Funktionsgraphen in ein Koordinatensystem.

b) Welcher Anbieter hat für Martins Bedürfnisse das günstigste Angebot?

5./6. KLASSE

7./8. KLASSE

9./10. KLASSE

Übung 96

Gleichungen aufstellen und lösen

Stelle eine Gleichung auf und gib die drei gesuchten geraden Zahlen an, für die folgendes gilt:

a) Addiert man drei aufeinander folgende gerade Zahlen, erhält man 240.

b) Der siebte Teil einer Zahl ist um 2 größer als der achte Teil.
Um welche Zahl handelt es sich?

c) In einem Teeladen bestellt Frau Schmid eine besondere Teemischung. Sie nimmt zwei Teesorten, von denen die erste 3,28 € pro 100 g kostet und die zweite 2,48 € je 100 g. Sie erhält 300 g der Mischung, die nun 2,80 € pro 100 g kostet.
Aus wie viel % der ersten und zweiten Teesorte besteht die Mischung?

Aufgaben mit Gleichungen lösen

1. Führe für eine unbekannte Größe bzw. für eine gesuchte Zahl eine Variable ein, normalerweise x.
Notiere bei deiner Lösung auf jeden Fall, wofür diese Variable steht.
2. Drücke den Sachverhalt mit einer Gleichung aus, wobei die gesuchte Größe mithilfe der Variablen ausgedrückt wird.
3. Löse die aufgestellte Gleichung.

Übung 97

Gleichung aufstellen und lösen

Gegeben sei eine Zahl. Dividiert man die Summe aus dieser Zahl und 7 durch 5, so erhält man dasselbe, wie wenn man die Differenz von dieser Zahl und 7 mit 3 multipliziert.
Stelle eine Gleichung auf und berechne die Zahl.

Übung 98

Gleichung aufstellen und lösen

Ein Regionalzug verlässt den Bahnhof um 7.40 Uhr. Er ist mit einer Durchschnittsgeschwindigkeit von 36 $\frac{km}{h}$ unterwegs. Um 9 Uhr folgt ihm ein Schnellzug, der stündlich 54 km zurücklegt.
Wann treffen sich die beiden Züge?

Übung 99

Lineares Gleichungssystem aufstellen und lösen

Julia und Finn tragen Einkaufstaschen nach Hause.

Wie viele Einkaufstaschen trägt Julia, wie viele Finn?

Übung 100

Lineares Gleichungssystem aufstellen und lösen

a) Zwei Zahlen haben die Summe 45. Die eine Zahl ist um 9 größer als die andere. Wie heißen die Zahlen?

b) Frau Herzog und ihre Tochter sind zusammen 50 Jahre alt.
Vor 5 Jahren war Frau Herzog genau dreimal so alt wie ihre Tochter.
Wie alt sind die beiden heute?

c) Für das Schulfest möchte Philipp einen 20-€-Schein in 1-€-Münzen und 50-ct-Münzen wechseln. Nach dem Tausch ist die Anzahl der 1-€-Stücke um 5 größer als die Anzahl der 50-ct-Stücke.
Wie hat Philipp seinen 20-€-Schein gewechselt?

Übung 101

Baumdiagramme; Pfadregeln

Steffen und Dirk spielen in den Pausen häufig Glücksspiele mit Münzen. Dabei werfen sie eine Münze dreimal. Heute gewinnt, wer zweimal hintereinander Kopf oder dreimal das gleiche Ergebnis wirft. Dirk wirft als erster dreimal.
Wie groß ist die Wahrscheinlichkeit, dass er gewinnt?

Übung 102

Baumdiagramme; Pfadregeln

Ralf kommt auf seinem Schulweg an drei Ampeln vorbei. Im Laufe der Zeit stellt er fest, dass die erste Ampel zu 80 % grün zeigt, die zweite mit einer Wahrscheinlichkeit von $\frac{2}{3}$ und die dritte mit einer Wahrscheinlichkeit von 0,4.

a) Berechne die Wahrscheinlichkeit dafür, dass Ralf an allen drei Ampeln warten muss.

b) Mit welcher Wahrscheinlichkeit hat Ralf an allen drei Ampeln grün?

c) Wie groß ist die Wahrscheinlichkeit, dass Ralf nur an der ersten Ampel halten muss?

d) Wie groß ist die Wahrscheinlichkeit, dass Ralf an drei Tagen hintereinander immer grün hat?

Wahrscheinlichkeiten berechnen

1. Zeichne für jeden Sachverhalt ein Baumdiagramm.
2. Berechne die Wahrscheinlichkeit jeden Pfades (Astes), indem du die zugehörigen Wahrscheinlichkeiten miteinander multiplizierst.
3. Addiere die Wahrscheinlichkeiten aller günstigen Pfade.

Übung 103

Baumdiagramme; Pfadregeln

In einer Loskugel befinden sich Kugeln, die mit Buchstaben beschriftet sind. Es gibt dreimal den Buchstaben T, viermal N, zweimal U und einmal O. Pauline zieht dreimal eine Kugel, notiert den Buchstaben und legt die Kugel wieder zurück.

Kreuze die richtigen Antworten an.

a) Mit welcher Wahrscheinlichkeit zieht Pauline das Wort „TON“?

◯ 80 % ◯ 0,8 % ◯ 0,012 % ◯ 1,2 %

b) Mit welcher Wahrscheinlichkeit zieht Pauline dreimal hintereinander den gleichen Buchstaben?

◯ 27% ◯ 9,1% ◯ 0,1% ◯ 64 %

Übung 104

Baumdiagramme; Pfadregeln

Till, Steffi und Christian würfeln mit einem Würfel zweimal. Sie vereinbaren folgende Regeln:
Till gewinnt, wenn seine Augensumme kleiner als sieben ist. Steffi geht als Siegerin vom Platz, wenn sie genau eine 6 dabei hat. In den übrigen Fällen gewinnt Christian.
Sind die Gewinnchancen für alle gleich? Begründe.

Übung 105

Baumdiagramme; Pfadregeln

In einer Kiste befinden sich 3 gelbe, 2 schwarze und 5 rote Kugeln.
Ein Spieler darf dreimal mit Zurücklegen ziehen.
Wie groß ist die Wahrscheinlichkeit, …

a) … die Farben schwarz – rot – gelb in dieser Reihenfolge zu ziehen?

b) … die Farben schwarz – rot – gelb, egal in welcher Reihenfolge, zu ziehen?

Übung 106

Baumdiagramme; Pfadregeln

In einer Kiste befinden sich 3 gelbe, 2 schwarze und 5 weiße Kugeln.
Ein Spieler darf zweimal ohne Zurücklegen ziehen. Man gewinnt, wenn man entweder eine gelbe und eine schwarze Kugel oder wenn man zwei weiße Kugeln oder zwei gelbe Kugeln zieht.
Wie groß ist die Wahrscheinlichkeit, bei diesem Spiel zu gewinnen?

Übung 107

Baumdiagramme; Pfadregeln

In einer Urne befinden sich vier Kugeln, je zwei Kugeln sind mit A, die anderen beiden sind mit N beschriftet. Es wird viermal mit Zurücklegen gezogen.
Wie groß ist die Wahrscheinlichkeit, dass …

a) … viermal ein A gezogen wird?

b) … die Buchstaben in der gezogenen Reihenfolge das Wort ANNA ergeben?

5./6. KLASSE

7./8. KLASSE

9./10. KLASSE

Übung 108

Baumdiagramme; Pfadregeln

In einer Urne befinden sich vier Kugeln, je zwei Kugeln sind mit A, die anderen beiden sind mit N beschriftet. Es wird viermal ohne Zurücklegen gezogen.
Wie groß ist die Wahrscheinlichkeit, dass die Buchstaben in der gezogenen Reihenfolge das Wort ANNA ergeben?

Übung 109

Baumdiagramme; Pfadregeln

Die Klasse 8 a bietet auf einem Schulfest folgendes Glücksspiel an:
In einer Urne befinden sich sechs gelbe und vier rote Kugeln.
Es dürfen drei Kugeln ohne Zurücklegen gezogen werden. Zieht ein Spieler mindestens 2 rote Kugeln, gewinnt er.
Wie groß ist die Wahrscheinlichkeit, dass der Spieler gewinnt?

Übung 110

Dreieck: besondere Punkte

Die Ortschaften Ahausen, Bedorf und Cestadt suchen einen Platz für den neuen Wasserturm. Er soll so liegen, dass alle drei Ortschaften gleich gut mit Wasser versorgt werden können. Zur Anbindung an das Verkehrsnetz soll ein direkter Weg vom Wasserturm zur Straße gebaut werden.

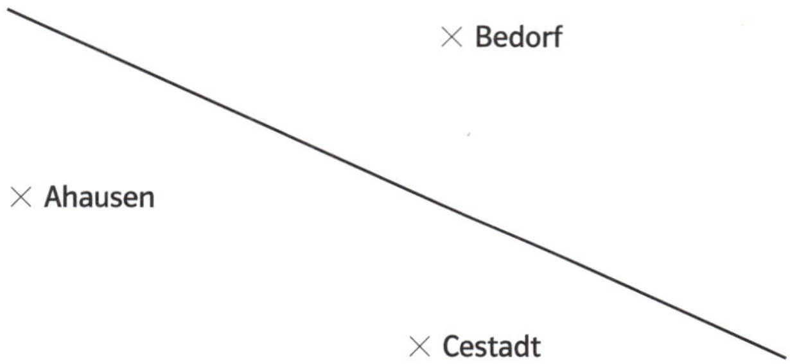

a) Wo ist der beste Platz für den neuen Wasserturm?

b) Wie bestimmt man die kürzeste Strecke vom Turm zur Straße?

Übung 111

Dreieck: Teilen einer Strecke

In einem Dreieck ABC sind $\overline{AB} = 9\,\text{cm}$ und $\overline{BC} = 7{,}2\,\text{cm}$. Die Punkte D und E sollen auf der Strecke $\overline{AB}$ bzw. $\overline{BC}$ so bestimmt werden, dass das Dreieck ABC durch die Strecken $\overline{AE}$ und $\overline{DE}$ in drei Teile mit gleichem Flächeninhalt zerlegt wird.

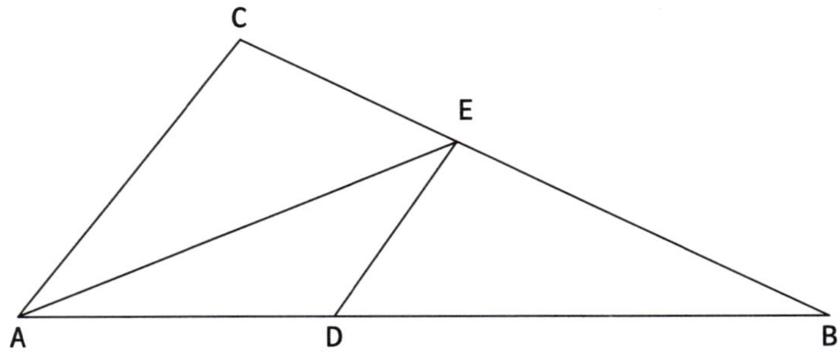

Bestimme die Streckenlängen $\overline{AD}$ und $\overline{CE}$ und begründe dein Ergebnis.

Übung 112

Dreieckskonstruktionen mit Kongruenzsätzen

Nach dem Ulmer Münster ist der Kölner Dom mit 157 m Höhe die zweithöchste Kirche in Deutschland und die dritthöchste Kirche der Welt.

a) Eine Schülergruppe soll bestimmen, unter welchem Winkel die Sonnenstrahlen auf die Erde treffen. Dazu messen sie den Schatten des Kölner Doms auf dem Domplatz mit 271,9 m Länge.
Bestimme durch eine Zeichnung in einem geeigneten Maßstab den Einfallswinkel der Sonnenstrahlen.

b) An einem anderen Tag treffen die Sonnenstrahlen mit einem Winkel von 52° auf den Kölner Dom.
Bestimme durch eine Zeichnung in einem geeigneten Maßstab die Länge des Schattens.

5./6. KLASSE

7./8. KLASSE

9./10. KLASSE

Übung 113

Dreieckskonstruktionen mit Kongruenzsätzen

Ein so genanntes „Sheddach" kommt als Dachform vor allem bei großflächigen Bauten wie z. B. Fabrikhallen vor. Wegen des mehrfachen Aneinandersetzens einzelner kleiner Satteldächer bleibt so die Dachhöhe relativ klein.

Eine 15 m lange Fabrikhalle soll ein Sheddach bekommen, das durch das Hintereinandersetzen von drei Satteldächern entsteht. Der Architekt schlägt für die beiden Basiswinkel eines Satteldaches Winkelweiten von $35° \leqq \alpha \leqq 50°$ und $65° \leqq \beta \leqq 80°$ vor.

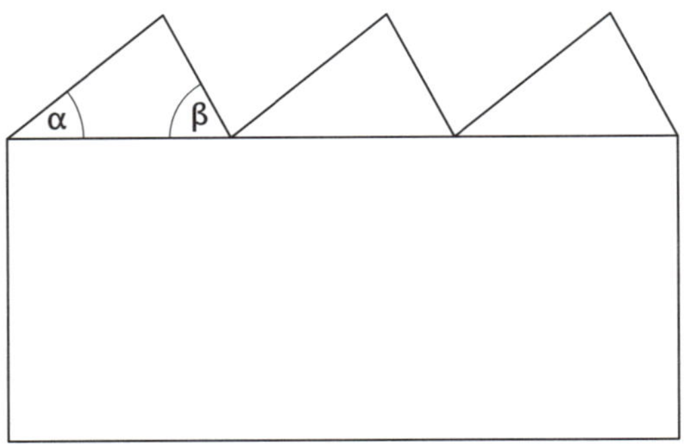

Bestimme durch Zeichnung im geeigneten Maßstab, wie hoch das Dach mindestens und höchstens wird.

Übung 114

Dreieckskonstruktionen mit Kongruenzsätzen

Der Hirschsprung ist eine klammartige Engstelle des Höllentals im Schwarzwald. Von einem 130 m hohen Felsen hat man vor dem Bau einer Brücke die Talenge unter den Tiefenwinkeln von $\alpha = 75°$ und $\beta = 79°$ angepeilt.
Bestimme durch eine Zeichnung in einem geeigneten Maßstab die Breite der Talenge.

Übung 115

Dreieckskonstruktionen mit Kongruenzsätzen

Ein Tetraeder („Vierflächner“) ist ein Körper aus vier gleichseitigen Dreiecken.
Ein Tetraeder hat eine Kantenlänge von 5 cm.
Jede Kante bildet mit der gegenüberliegenden Fläche einen Winkel von 54,74°. Der Winkel zwischen zwei Begrenzungsflächen (Böschungswinkel) beträgt 70,53°.

a) Bestimme Höhe und Flächeninhalt einer Dreiecksfläche.

b) Bestimme mithilfe einer geeigneten Zeichnung die Raumhöhe des Tetraeders.

Übung 116

Funktionsgleichungen aufstellen

Die Lupu-Brücke in Shanghai (China) ist momentan mit einer Bogenspannweite von 550 m die größte Bogenbrücke der Welt. Der Bogenscheitel hat eine Höhe von 100 m über dem Wasserspiegel.
Je nach Lage des Koordinatensystems erhält man verschiedene Funktionsgleichungen, deren Graphen den Verlauf des Brückenbogens beschreiben.

a) Kreuze an, welche Funktionsgleichung zum Verlauf des Brückenbogens der Lupu-Brücke passt, wenn die y-Achse in der Mitte des Brückenbogens und die x-Achse auf dem Wasserspiegel liegt.

○ $f(x) = -0{,}000331x^2 + 100$

○ $f(x) = -550x^2 + 100$

○ $f(x) = -100x^2 + 550$

○ $f(x) = -0{,}001322314x^2 + 100$

b) Wie sieht die Funktionsgleichung aus, wenn man den Ursprung in den höchsten Punkt des Bogens legt?

c) Wie sieht die Funktionsgleichung aus, wenn man den Ursprung in das linke oder rechte Ende des Brückenbogens legt?

Übung 117

Funktionsgraphen zeichnen; Scheitelpunkt und Nullstelle bestimmen

Auf Feldern oder Rasen werden im Sommer häufig Wassersprenger aufgestellt. Dabei wird aus feinen Düsen Wasser gespritzt. Der Bogen des Wasserstrahls kann mit einer Parabel mit der Funktionsgleichung $f(x) = -2x^2 + 1{,}2x + 1{,}5$ beschrieben werden.

a) Skizziere den Verlauf des Wasserbogens.

b) Wie hoch ist der Wasserbogen?

c) Nach welcher Entfernung trifft der Wasserstrahl wieder auf den Boden?

Übung 118

Scheitelpunkt und Nullstelle bestimmen

Bei einem Parabelflug beschreibt die Flugbahn eines Flugzeuges eine zur Erdoberfläche geöffnete Parabel. Dabei wird für eine kurze Zeit ein Zustand der Schwerelosigkeit hergestellt. Die Flugbahn eines Parabelfluges kann beschrieben werden durch den Graphen einer Funktion f mit $f(x) = -30x^2 + 600x + 5181{,}6$. Dabei ist x die Zeit in s und f(x) die Flughöhe in m.

a) Wie viele Sekunden dauert ein Parabelflug?

b) Wie hoch ist das Flugzeug am höchsten Punkt?

Übung 119

Funktionsgleichung; Scheitelpunkt und Nullstelle bestimmen

Mittlerweile wird die Sprungtechnik beim Hochsprung mithilfe von Videos und Computern genau analysiert. Dabei wird die Höhe des Springers über dem Boden in Abhängigkeit von der Entfernung des Körperschwerpunktes des Springers von der Absprungstelle gemessen und aufgezeichnet. Die Flugkurve beschreibt eine Parabel.

Bei einem Sprung wurden folgende Daten aufgezeichnet:

Entfernung in m	0,2	0,3	0,4
Höhe in m	1,496	1,661	1,804

a) Bestimme die zur Flugbahn gehörige Funktionsgleichung.

Wenn du in a) keine Funktionsgleichung bestimmen konntest, rechne weiter mit $f(x) = -1{,}1x^2 + 2{,}2x + 1{,}1$.

b) Wie hoch ist der Körperschwerpunkt beim Absprung?

c) Welche Höhe kann der Springer maximal überspringen?

d) Die Hochsprungmatte ist 60 cm hoch. In welcher Entfernung vom Absprung trifft der Springer auf der Matte auf?

Übung 120

Besondere Punkte bestimmen

Eine Firma testet die Flugeigenschaften ihrer Feuerwerksraketen. Ein Ingenieur berechnet als Funktionsgleichung

$f(x) = -0{,}4472\,x^2 + 22{,}36\,x + 0{,}5.$

Dabei beschreibt der Graph der Funktion die Flugbahn, wobei $f(x)$ die Höhe in m und x die Entfernung zum Abschusspunkt angibt.

a) Wie hoch fliegt die Rakete maximal?

b) In welcher Entfernung vom Abschusspunkt landet die Rakete auf dem Boden?

c) In einer Entfernung von 40 m vom Abschusspunkt steht ein 23 m hoher Baum. Trifft die Rakete den Baum?

d) Ein zweiter Ingenieur berechnet für die Flugbahn derselben Rakete die Funktionsgleichung $g(x) = -0{,}4472\,(x-25)^2 - 0{,}001789.$ Stimmt seine Rechnung?

5./6. KLASSE
7./8. KLASSE
9./10. KLASSE

Übung 121

Graphen zeichnen; besondere Punkte bestimmen

Die momentan längste Hängebrücke der Welt ist die Akashi-Kaikyo-Brücke in Japan. Ihre größte Spannweite zwischen den Pfeilern beträgt 1991 m. Führt man zur Beschreibung des Spannseils ein Koordinatensystem ein, dessen x-Achse genau auf der Wasseroberfläche mitten unter der Fahrbahn und dessen y-Achse genau zwischen den Brückenpfeilern liegt, erhält man folgende zugehörige Funktionsgleichung:

$f(x) = 0{,}000285564\,x^2 + 65{,}72.$

a) Skizziere den Graphen.

b) Welche Definitionsmenge ist bei dieser Funktion sinnvoll?

c) Wie hoch ragen die Pfeiler aus dem Wasser heraus?

d) Wie groß ist der Abstand zwischen der Fahrbahn und dem Wasser?

Übung 122

Funktionsgleichung aufstellen; Extremwerte bestimmen

Anna hat in ihrem Zimmer eine Dachschräge, die am Boden 3 m breit ist und am höchsten Rand 2,40 m hoch ist. In diese Dachschräge will sie einen Schrank stellen.
Wie breit und wie hoch sollte der Schrank sein, wenn der Rauminhalt des Schrankes möglichst groß sein soll?

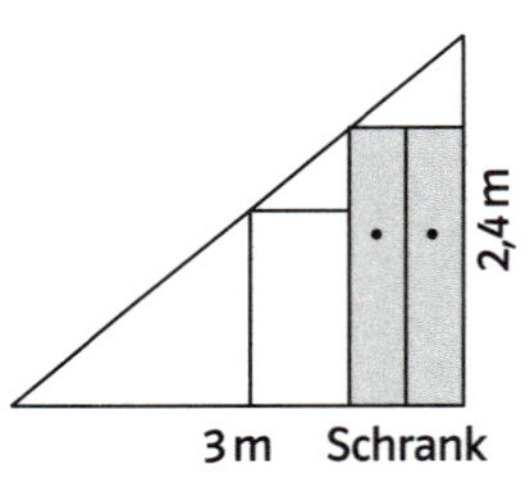

Übung 123

Quadratische Gleichung aufstellen und lösen

Übung 124

Quadratische Gleichung aufstellen und lösen

Michael denkt sich eine zweistellige Zahl. Die Quersumme seiner zweistelligen Zahl ist 8. Vertauscht man ihre Ziffern und bildet das Produkt aus der neuen und der ursprünglichen Zahl, so erhält man 1612.

a) Stelle einen Term auf, mit dem man die gedachte Zahl berechnen kann.

b) Welche Zahl hat sich Michael gedacht?

Übung 125

Quadratische Gleichung aufstellen und lösen

Die Zahl 42 soll so in zwei Summanden zerlegt werden, dass deren Produkt 432 beträgt.

a) Stelle einen Term auf, mit dem man die Summanden berechne kann.

b) Wie lauten die gesuchten Summanden?

Übung 126

Quadratische Gleichung aufstellen und lösen

Bauer Knolle besitzt zwei Grundstücke, eines ist quadratisch, das andere ist rechteckig. Das rechteckige Grundstück hat eine Länge von 170,1 m und eine Breite von 35 m. Die Fläche des quadratischen Grundstücks ist etwa ein Drittel so groß wie die Fläche des rechteckigen Grundstücks.
Wie lang ist das quadratische Grundstück?

Übung 127

Beweise führen mithilfe von Termen

Das Quadrat einer Zahl kannst du mit folgendem Rechentrick berechnen: Multipliziere den Vorgänger und Nachfolger der Zahl und addiere 1.

a) Überprüfe den Rechentrick an zwei Zahlen.

b) Schreibe einen Term auf, der zu diesem Rechentrick passt, und zeige, dass dieses Verfahren für alle Zahlen gilt.

Mathematischer Beweis

Beim Begründen einer Aussage reicht es nicht aus, wenn du die Aussage an einem Beispiel überprüfst. Die Richtigkeit der Aussage musst du mit einem mathematischen Beweis zeigen.

Dabei kannst du so vorgehen:
1. Schreibe die Voraussetzung auf, also das, was gegeben ist.
2. Formuliere die Behauptung, also das, was gezeigt werden soll.
3. Beweise die Behauptung.

Tipp:
Führe eine Variable ein, schreibe die Voraussetzung mit Variablen um und forme die Aussage so lange um, bis du die Behauptung erkennen kannst.

Übung 128

Beweise führen mithilfe von Kongruenz

Zeichne ein beliebiges gleichseitiges Dreieck und trage an allen drei Dreiecksseiten gleich lange Strecken ab und markiere sie mit Punkten. Verbinde nun diese Punkte. Zeige, dass das so entstandene Dreieck auch gleichseitig ist.

Übung 129

Beweise führen mithilfe von geometrischen Grundkonstruktionen

Zeichne eine Raute. Verbindet man die benachbarten Seitenmittelpunkte miteinander, so erhält man ein Mittenviereck.
Zeige, dass dieses Mittenviereck ein Rechteck ist.

Übung 130

Beweise führen mithilfe von geometrischen Grundkonstruktionen

a) Zeige, dass gilt: Verbindet man die Seitenmitten eines Rechtecks oder eines gleichschenkligen Trapezes, so entsteht eine Raute.

b) Zeichne ein beliebiges Viereck und verbinde die Seitenmitten. Zeige, dass das so entstandene Mittenviereck ein Parallelogramm ist.

Übung 131

Lineare Funktionen

Ein Flugzeug ist mit sehr genauen Messinstrumenten ausgestattet.
So können die Piloten im Cockpit beim Start z. B. die Zeit seit dem Start oder die Höhe über Normalnull (NN) abrufen.
Bei einem Start ergab die computergesteuerte Messung der Zeit und der Höhe über NN folgende drei Messpaare:
Nach 30 s war das Flugzeug 450 m über NN, nach 90 s war es 1050 m über NN und nach 120 s war es 1350 m über NN hoch.

a) Weise nach, dass der Zusammenhang zwischen Zeit und Höhe durch eine lineare Funktion beschrieben werden kann, und berechne die Höhe des Flughafens.

b) Berechne, wie hoch das Flugzeug nach 100 s ist und wie lange es dauert, bis das Flugzeug 2000 m hoch ist.

Übung 132

Prozentrechnung

Im Geschichtsunterricht müssen die Schüler die Erdgeschichte auf einem 10 m langen Tapetenstreifen maßstäblich darstellen. Dabei soll das linke Ende dem Zeitpunkt der Entstehung der Erde entsprechen, das rechte Ende entspricht dem heutigen Zeitpunkt.
Aus dem Geschichtsatlas notieren die Schüler wichtige Ereignisse:
Vor etwa 5 Mrd. Jahren: Entstehung der Erde
Vor etwa 2 Mrd. Jahren: erste Pflanzen
Vor etwa 1,5 Mio. Jahren: erste Menschen

a) Wie viel Prozent der Streifenlänge nimmt die Geschichte der Pflanzen ein? Kreuze die richtige Antwort an.

○ 25 % ○ 40 % ○ 70 % ○ 20 %

b) Wie viel Prozent der Streifenlänge nimmt die Geschichte der Menschheit ein? Kreuze die richtige Antwort an.

○ 3 % ○ 0,3 % ○ 0,03 % ○ 0,0003 %

Übung 133

Prozentrechnung

Herr Knauser bezahlt die Rechnung für seine neue Stereoanlage.
Er überweist nach Abzug von 2 % Skonto einen Betrag von 504,21 €.

a) Wie hoch war der Rechnungsbetrag vor dem Abzug des Skontos?

b) In diesem Rechnungsbetrag vor dem Skonto-Abzug sind 19 % Mehrwertsteuer enthalten. Welcher Preis ohne Mehrwertsteuer ist auf der Rechnung ausgewiesen?

Übung 134

Quadratische Funktionen

Max und Jon spielen mit Wasserspritzpistolen. Der Wasserstrahl hat die Form einer Parabel mit $f(x) = ax^2 + c$. Beide halten ihre Wasserspritzpistolen waagrecht, Jon in 1,30 m Höhe, Max in 1,22 m Höhe. Der Strahl trifft bei Max etwa 5 m von seinem Fuß auf den Boden, bei Jon nach ungefähr 8 m.

a) Kreuze an, welche Funktionsgleichung zum Verlauf des Wasserstrahls von Max passt, wenn der Ursprung des Koordinatensystems bei den Füßen von Max liegt.

- ○ $f(x) = -1{,}22x^2 + 0{,}05$
- ○ $f(x) = -0{,}05x^2 + 1{,}22$
- ○ $f(x) = 1{,}22x^2 - 0{,}05$
- ○ $f(x) = 0{,}05x^2 - 1{,}22$

b) Gib eine passende Funktionsgleichung für Jons Wasserstrahl an.

c) Wie sehen die Funktionsgleichungen aus, wenn man den Ursprung in den höchsten Punkt des Bogens legt?

d) Treffen Max und Jon ein Ziel, das ca. 4 m entfernt ist und sich in einer Höhe von etwa 1 m befindet? Begründe.

Übung 135

Quadratische Funktionen

Eine Brücke hat einen parabelförmigen Bogen. Ihre Spannweite beträgt 100 m und ihre Höhe 30 m.

a) Gib eine zugehörige Funktionsgleichung an, deren Graph dem Brückenbogen zwischen den beiden äußeren Pfeilern entspricht, und skizziere den Graphen.

b) Die beiden inneren Pfeiler haben einen Abstand von 40 m. Bestimme ihre Höhe.

Übung 136

Quadratische Gleichungen

Verlängert man ein Paar gegenüberliegender Seiten eines Quadrates um 3 cm und verkürzt gleichzeitig die anstoßenden Seiten um 4 cm, so entsteht ein Rechteck mit einem Flächeninhalt von 294 cm^2.
Wie lang ist eine Seitenlänge des Quadrats?

Übung 137

Beweisen mit Termen

Peter behauptet: „Wenn man vier aufeinanderfolgende Zahlen addiert, dann ist die Summe durch 4 teilbar."
Hat Peter Recht? Begründe deine Meinung.

Übung 138

Kongruenz

Von einem Dreieck ABC sind eine Seite mit 6,4 cm Länge und die zwei angrenzenden Winkel mit 52° und 36° gegeben. Verbindet man die Mittelpunkte der Dreiecksseiten, entstehen vier kleinere Dreiecke.

a) Zeichne das Dreieck.

b) Begründe, dass die vier kleineren Dreiecke kongruent sind

c) Zeige, dass dies für jedes beliebige Dreieck gilt.

Übung 139

Wahrscheinlichkeit

Chris muss einen Test schreiben, in dem es zu jeder Frage fünf verschiedene Antwortmöglichkeiten gibt. Von diesen Antworten ist jeweils genau eine richtig. Bei zwei Aufgaben hat Chris keine Ahnung und kreuzt einfach eine der fünf Antwortmöglichkeiten an.

a) Wie groß ist die Wahrscheinlichkeit, dass beide Antworten richtig geraten sind? Kreuze die richtige Lösung an.

○ $\frac{2}{5}$ ○ $\frac{1}{5}$ ○ $\frac{2}{25}$ ○ $\frac{1}{25}$ ○ $\frac{4}{25}$

b) Mit welcher Wahrscheinlichkeit ist keine Antwort richtig?

Übung 140

Wahrscheinlichkeit

In einer Kiste befinden sich 3 gelbe, 2 schwarze und 5 weiße Kugeln. Ein Spieler darf zweimal mit Zurücklegen ziehen. Man gewinnt, wenn man entweder eine gelbe und eine schwarze Kugel oder wenn man zwei weiße Kugeln oder zwei gelbe Kugeln zieht.
Wie groß ist die Wahrscheinlichkeit, bei diesem Spiel zu gewinnen?

9./10. KLASSE

Übung 141

Strahlensätze

Ein Kirchturm wirft einen 38 m langen Schatten. Zum Vergleich wird ein 1,80 m langer Stab aufgestellt, dessen Schatten 2,20 m lang ist.
Wie hoch ist der Kirchturm?

Strahlensätze anwenden

Strahlensätze kannst du immer anwenden, wenn irgendwo zwei Geraden, die sich in einem Punkt schneiden, von Parallelen geschnitten werden.

Dann gilt:
1. Die Abschnitte auf der einen Geraden teilen sich im gleichen Verhältnis wie die entsprechenden Abschnitte auf der anderen Geraden.
2. Die Abschnitte auf den Parallelen verhalten sich wie die entsprechenden Abschnitte auf einer der beiden Geraden.

Beispiel:

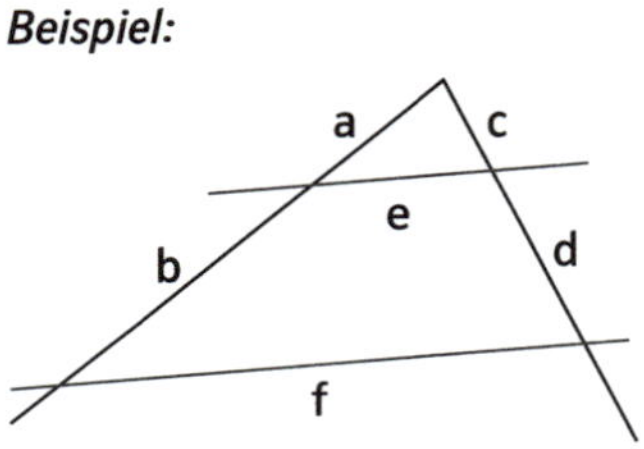

Hier gilt: $\frac{a}{b} = \frac{c}{d}$ oder $\frac{a}{c} = \frac{b}{d}$

oder $\frac{f}{b+a} = \frac{e}{a}$

oder $\frac{f}{e} = \frac{b+a}{a} = \frac{d+c}{c}$

Übung 142

Zentrische Streckung

Für ihre Klassenfahrt verkauft die Klasse 9 a zum Muttertag kleine und große Kuchen. Ein kleiner Erdbeerkuchen mit einem Durchmesser von 21 cm kostet 7,80 €. Für welchen Preis sollte die Klasse den großen Erdbeerkuchen mit einem Durchmesser von 28 cm verkaufen? Begründe.

Übung 143

Strahlensätze

In dem Spielfilm „Apollo 13" versucht der Astronaut, die Entfernung des Mondes von der Erde abzuschätzen. Der Astronaut weiß, dass die Erde einen Durchmesser von 12 756 km und der Mond einen Durchmesser von 3476 km hat und dass das Raumschiff etwa 143 984 km vom Mond entfernt ist.
Wie viele km ist der Mond ungefähr von der Erde entfernt?
Kreuze die richtige Antwort an.

◯ 528 383 km ◯ 384 399 km ◯ 39 236 km

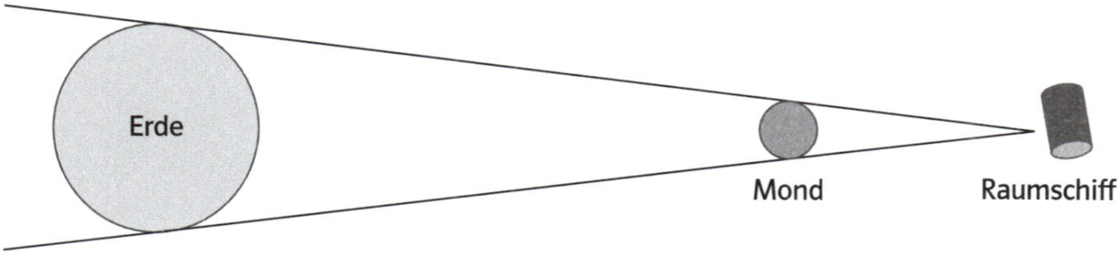

5./6. KLASSE

7./8. KLASSE

9./10. KLASSE

Übung 144

Strahlensätze; Körper; Satz des Pythagoras

Die Verpackung von 300 g Kokospralinen ist ein quadratischer Pyramidenstumpf, dessen Maße man abmessen kann. Eine Grundkante ist 11,7 cm lang, die andere Grundkante 9 cm und die Mantelkante ist 10 cm lang. Die Firma überlegt sich, als Sonderaktion die Verpackung zu einer Partypackung zu verändern: Aus dem Pyramidenstumpf soll eine Pyramide werden, deren Spitze auf den bisherigen Stumpf aufgesetzt wird.

a) Wie lang wäre die gesamte Mantelkante der Pyramidenverpackung?

b) Wie hoch wäre die Pyramide und wie hoch ist die momentane Verpackung?

c) Wie viel g Pralinen etwa würden in die Pyramidenverpackung passen?

Übung 145

Strahlensätze

In einem 4 m breiten Säulengang haben die äußeren Säulen einen Durchmesser von 1,5 m, die inneren einen Durchmesser von 90 cm.
In welcher Entfernung von der schmaleren inneren Säule muss ein Betrachter stehen, damit die schmalere Säule die breitere Säule verdeckt?

Übung 146

Strahlensätze

Gegeben ist ein regelmäßiges Sechseck ABCDEF.
Bestimme das Verhältnis, in dem sich die Strecken AC und BD teilen.
Gib deinen Lösungsweg an.

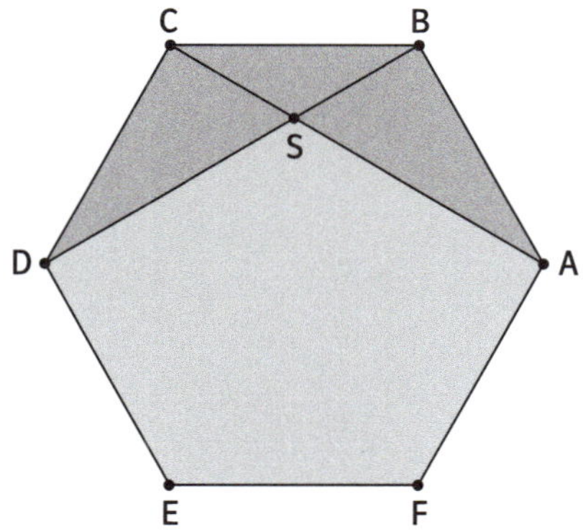

Übung 147

Teilen einer Strecke

Daniel hat ein Zimmer mit Dachschräge. An eine Seitenwand möchte er ein Regal aus 4 Regalbrettern bauen. Die Wand hat die Form eines rechtwinkligen Trapezes (s. Abb.).
Berechne die Länge der 4 Regalbretter.

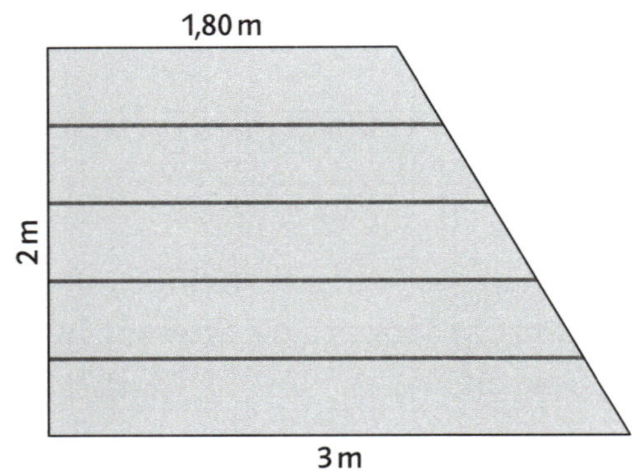

Übung 148

Satz des Pythagoras

Es gibt in Ägypten insgesamt ungefähr 80 bekannte Pyramiden. Die Mykerinos-Pyramide gehört zu den drei Pyramiden von Gizeh. Zwar ist sie mit einer ursprünglichen Höhe von 65,5 m nicht einmal halb so groß wie die Cheops-Pyramide, aber immerhin ist sie die achthöchste Pyramide in Ägypten. Ihre Mantelkanten sind etwa 67 m lang. Wie lang ist eine Grundkante?

Tipp:
Mache eine Skizze und zeichne die gegebenen Größen farbig ein. Berechne dann die halbe Diagonale der Grundfläche und damit die Länge einer Grundkante.

Der Satz des Pythagoras

In einem rechtwinkligen Dreieck gilt:
Die Quadrate der beiden Katheten sind zusammen genau so groß wie das Quadrat der Hypotenuse.
Kurz:
In einem rechtwinkligen Dreieck mit den Seiten a, b und c gilt: $\mathbf{a^2 + b^2 = c^2}$

Ebenso gilt die Umkehrung:
Sind in einem Dreieck die Quadrate der beiden Katheten genau so groß wie das Quadrat der Hypotenuse, dann ist das Dreieck rechtwinklig.
Kurz: Gilt $\mathbf{a^2 + b^2 = c^2}$, dann ist das Dreieck rechtwinklig.

Übung 149

Satz des Pythagoras

Rapunzel steht auf dem 54 m hohen schiefen Turm von Pisa, ihr Prinz steht in einer Entfernung von 4,6 m direkt unter ihr.
Wie lang müssen Rapunzels Haare sein, damit der 1,80 m große Prinz zu ihr hochklettern kann?

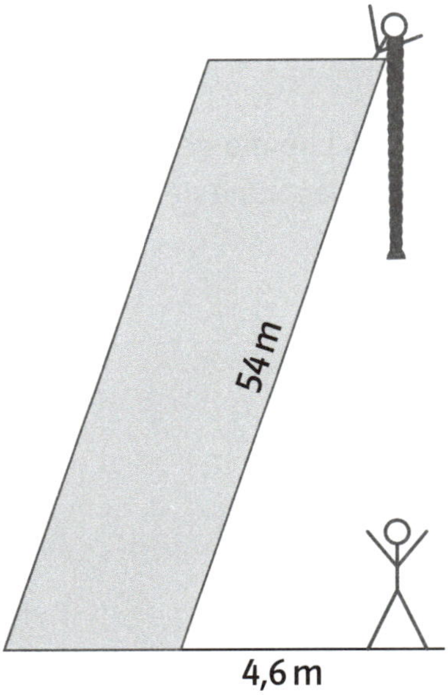

Übung 150

Satz des Pythagoras

Eine Schrägseilbrücke ist eine Brücke, bei der der Überbau an schräg von einem Pylon gespannten Seilen aufgehängt ist.
Die 2008 eröffnete Sutong-Brücke in China hat die weltweit größte Stützweite; ihr Fahrbahnträger ist 41 m breit. Die an zwei 306 m hohen Pylonen aufgespannten Schrägseile tragen das 2088 m lange Fahrbahnstück. Die Durchfahrtshöhe für Schiffe beträgt 62 m. In der Mitte zwischen den beiden Pylonen ist ein 16 m langes seilfreies Fahrbahnstück.

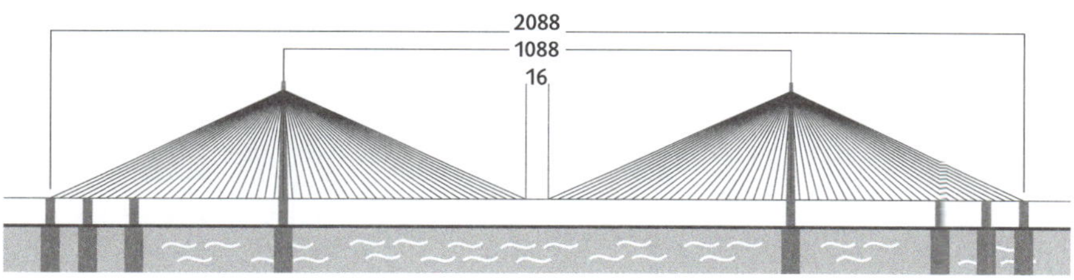

a) Wie lang sind die längsten Spannseile?

b) Die Länge des längsten Seils wird im Internet mit 577 m angegeben. Woran könnte der Unterschied zu der von dir errechneten Länge liegen?

Übung 151

Sinus, Kosinus und Tangens im rechtwinkligen Dreieck

Ein Förster misst die Größe eines Baumes. Seine Entfernung zum Baum beträgt 30 m. Mit seinem Messgerät misst er 28° zum Gipfel des Baumes.

a) Wie hoch ist der Baum?

b) Welchen Weg müsste eine Eule zurücklegen, wenn sie vom Förster bis zur Baumspitze fliegt?

c) Wie ändert sich der Winkel, wenn man bis zur Kopfspitze der 30 cm hohen Eule misst?

Sinus, Kosinus und Tangens im rechtwinkligen Dreieck

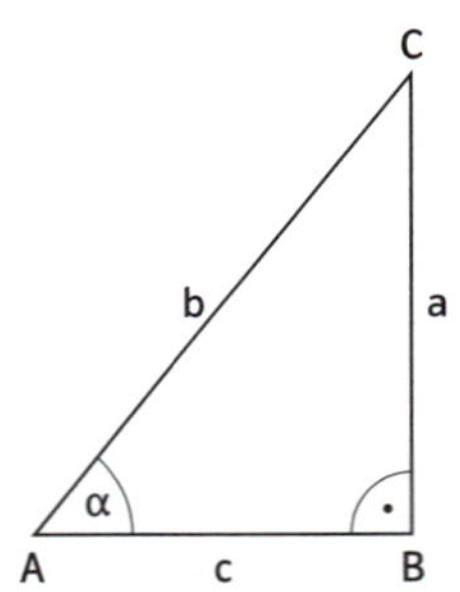

In einem rechtwinkligen Dreieck ABC gilt:

$$\sin(\alpha) = \frac{\text{Gegenkathete}}{\text{Hypotenuse}} = \frac{a}{b}$$

$$\cos(\alpha) = \frac{\text{Ankathete}}{\text{Hypotenuse}} = \frac{c}{b}$$

$$\tan(\alpha) = \frac{\text{Gegenkathete}}{\text{Ankathete}} = \frac{\sin\alpha}{\cos\alpha} = \frac{a}{c}$$

Berechnung des Winkels α mit dem Taschenrechner

Zur Berechnung des Winkels benötigst du die 2nd- oder INV-Taste des Taschenrechners.

Achte auch darauf, dass der Taschenrechner auf das Gradmaß (***degree***) eingestellt ist und ***nicht*** auf das Bogenmaß (**radiant**).

Übung 152

Sinus, Kosinus und Tangens im rechtwinkligen Dreieck

Damit eine Leiter beim Besteigen nicht nach hinten umkippt, darf ihr Neigungswinkel nicht größer als 80° sein.

a) Wie hoch reicht eine 6 m lange Leiter, die an einer Mauer steht?

b) Rapunzels Turmfester befindet sich in einer Höhe von 9 m über dem Boden. Die Leiter des Prinzen ist 10 m lang. Kann der Prinz seine Liebste gefahrlos retten?

c) Wie weit ist eine ordnungsgemäß aufgestellte, 2 m lange Leiter maximal von der Wand entfernt?

Übung 153

Sinus, Kosinus und Tangens im rechtwinkligen Dreieck

Die Cheops-Pyramide hatte ursprünglich eine Grundfläche von $232\,m \times 232\,m$ und war ca. 146,60 m hoch. Ihre heutige Höhe beträgt nur noch 138,75 m.
Berechne die heutige Länge der Grundkante, wenn man davon ausgeht, dass die obere Gesteinsschicht gleichmäßig abgetragen wurde.

Übung 154

Sinus, Kosinus und Tangens im rechtwinkligen Dreieck

Der Regensburger Dom gilt als das Hauptwerk der gotischen Architektur in Süddeutschland. Seine Türme sind 105 m hoch.
Wie lang sind die Schatten, die die Türme auf den Domplatz werfen, wenn die Sonnenstrahlen unter einem Winkel von 30° auf dem Platz auftreffen?

Übung 155

Sinus, Kosinus und Tangens im rechtwinkligen Dreieck

In einem gleichschenkligen Dreieck mit einer Schenkellänge von 4 cm ist der Winkel an der Spitze 100° weit.
Berechne die Weite der fehlenden Winkel und die Länge der Basis.

5./6. KLASSE

7./8. KLASSE

9./10. KLASSE

Übung 156

Sinus, Kosinus und Tangens im rechtwinkligen Dreieck

Bei einer großen Pyramide kann man die Grundkantenlängen direkt vermessen, nicht jedoch die Höhe, da diese nicht direkt zugänglich ist. Deshalb wird zur Berechnung der Höhe in einem bestimmten Abstand d von der unteren Pyramidenkante die Spitze unter dem gemessenen Winkel α angepeilt.

Ein Vermessungsteam will die Cephren-Pyramide, die zu den Pyramiden von Gizeh gehört und eine Grundfläche von 215 m × 215 m hat, vermessen. In einer Entfernung von 230,5 m wird die Spitze der Pyramide unter einem Winkel von 23° angepeilt.
Wie hoch ist die Cephren-Pyramide?

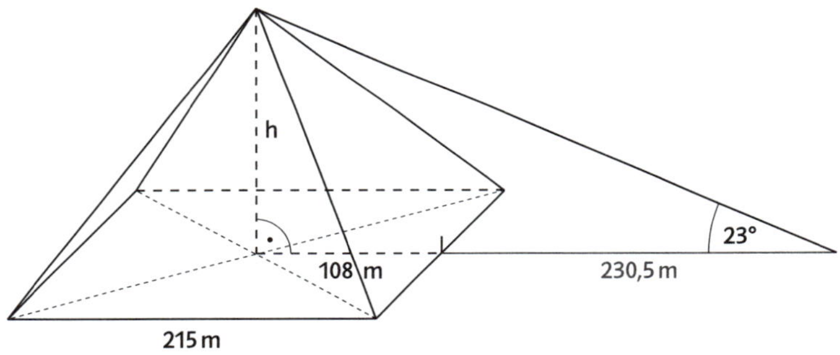

Übung 157

Sinus, Kosinus und Tangens im rechtwinkligen Dreieck

Marbach am Neckar liegt etwa 20 km nördlich von Stuttgart und ist bekannt als Geburtsstadt des Dichters Friedrich Schiller. Dort soll in der Nähe der Schleuse eine neue Brücke über den Neckar gebaut werden. Dazu wird am Ufer eine 150 m lange Strecke abgemessen und an deren Enden mit einem Vermessungsgerät ein Punkt auf der anderen Uferseite unter den Winkeln von 65° und 44° angepeilt.

a) Wie breit ist der Neckar an dieser Stelle?

b) Die Brücke wird 20 % länger als die Flussbreite werden. Berechne die Länge der Brücke.

5./6. KLASSE
7./8. KLASSE
9./10. KLASSE

Übung 158

Rechnen mit Potenzen

In der Astronomie werden viele Größen mit der Maßeinheit „Astronomische Einheit“ (AE) angegeben, da sich so bequeme Zahlenwerte ergeben. 1 AE beträgt etwa 149 600 000 000 m, was dem mittleren Abstand des Erdmittelpunktes zur Sonne entspricht.
Das „Lichtjahr“ (Lj) ist ebenfalls eine astronomische Längeneinheit.
1 Lichtjahr ist die Strecke, die das Licht in einem Jahr zurücklegt. In einer Sekunde legt das Licht etwa 300 000 km zurück.
Ein „Parsec“ (abgekürzt für „Parallaxensekunde“, pc) ist die astronomische Längeneinheit für die Entfernungsangabe von Himmelskörpern.
1 Parsec sind etwa 31 Billiarden Meter. Eine besondere Einheit ist das „Megaparsec“ (Mpc); es entspricht einer Entfernung von 1000 Parsec und ist der durchschnittliche Abstand zweier Galaxien im Universum.

a) Gib alle Einheiten in der wissenschaftlichen Schreibweise an.

b) Berechne:
Aus wie vielen m (km) besteht 1 Lichtjahr?
Aus wie vielen AE besteht 1 Lichtjahr?
Aus wie vielen AE besteht 1 Parsec?
Aus wie vielen Lichtjahren besteht 1 Megaparsec?

Wissenschaftliche Schreibweise *(scientific notation)*

Eine Zahl wird als Produkt einer rationalen Zahl und einer Zehnerpotenz geschrieben. Dabei steht vor dem Komma eine von Null verschiedene Zahl.
Die Zehnerpotenz wird auch als Exponent bezeichnet. Sie gibt an, um wie viele Stellen das Komma nach rechts (positiver Exponent) oder nach links (negativer Exponent) verschoben werden muss.

Übung 159

Rechnen mit Potenzen

Mit den größten Fernrohren kann man bis zu 15 Milliarden Lichtjahren in das Weltall blicken. Man schätzt heute den Radius des Weltalls auf etwa 18 Milliarden Lichtjahre.
Der Radius der Erde beträgt etwa 6370 km, ihre Masse ist ca. $5{,}98 \cdot 10^{24}$ kg. Die absolute Masse eines Atoms beträgt etwa 10^{-27} kg.

a) Gib die Angaben im Text in der wissenschaftlichen Schreibweise an.

b) Wie oft passt der Radius der Erde in das Weltall?

c) Berechne die mittlere Dichte der Erde.

d) Aus wie vielen Atomen besteht schätzungsweise die Erde?

Übung 160

Rechnen mit Potenzen

Ein besonderes Fraktal ist die „Kochsche Schneeflocke". Zu Beginn besteht die Schneeflocke aus einem gleichseitigen Dreieck. Das Konstruktionsprinzip ist immer dasselbe: Jede Strecke wird gedrittelt. Über jedem Mittelstück wird dann ein gleichseitiges Dreieck aufgesetzt. Dabei hat jeder der nun vier neuen Streckenabschnitte ein Drittel der Länge des ursprünglichen Streckenabschnitts.

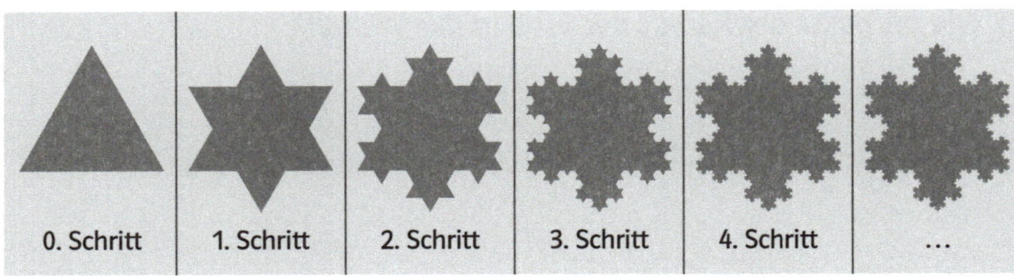

a) Wie viele Kanten hat die Schneeflocke im x-ten Schritt?

b) Wie es aussieht, wird der Umfang der Schneeflocke immer größer. Stelle einen Term auf, mit dem man den Umfang berechnen kann. Der Einfachheit halber kannst du davon ausgehen, dass eine ursprüngliche Kante die Länge 1 LE hat.
Tipp:
Berechne die Umfänge der Schneeflocken in den einzelnen Schritten und schreibe sie untereinander, dann findest du bestimmt einen Term für den Umfang der Schneeflocke im x-ten Schritt.

c) Nach wie vielen Schritten ist der Umfang 10^{50} LE lang?

Übung 161

Berechnung von Kreisteilen; Prozente

Jasmin und Jonas machen Ausstecher für die Adventszeit. Sie haben verschiedene Förmchen (s. Abb.).

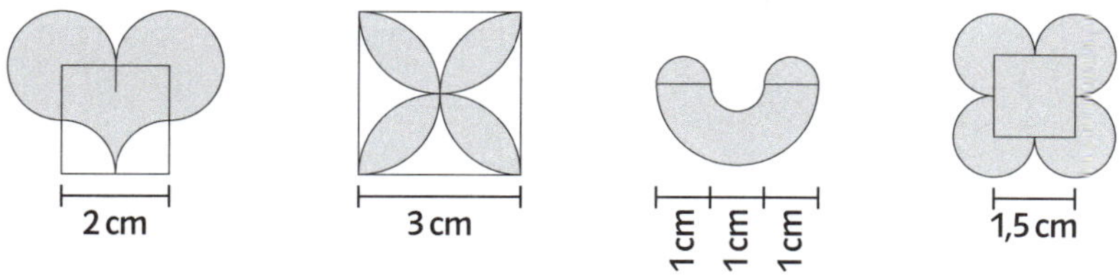

Jeder hat zu Beginn Teigplatten mit den Maßen 24 cm × 30 cm.

Wie viel Teig bleibt pro Förmchen nach dem ersten Ausstech-Durchgang prozentual übrig, wenn sie jede Figur immer schön nebeneinander und untereinander ausstechen?

Berechnung von Kreisteilen

Umfang eines Kreises:	$u = 2\pi r$
Flächeninhalt eines Kreises:	$A = \pi r^2$
Umfang eines Kreisbogens mit Winkel ≤:	$u_{Bogen} = 2\pi r \cdot \frac{\alpha}{360°}$
Flächeninhalt eines Kreisbogens mit Winkel ≤:	$A_{Kreisausschnitt} = \pi r^2 \cdot \frac{\alpha}{360°}$

Übung 162

Berechnung von Zylindern

Das Innere eines zylinderförmigen Glases hat einen Radius von 5 cm und ist 10 cm hoch.

a) Wie viel Liter passen insgesamt in das Glas, wenn das Glas bis 1 cm unter den Rand gefüllt wird?

b) In welcher Höhe muss der Eichstrich für 0,5 l angebracht werden?

Volumen von Zylindern

Das Volumen eines Zylinders berechnest du wie das eines beliebigen Prismas mit der Formel

Volumen = Grundfläche mal Höhe oder $V = G \cdot h$.

Bei einem Zylinder ist die Grundfläche ein Kreis, dessen Fläche du mit der Formel $G = \pi r^2$ bestimmen kannst.
Für das Zylindervolumen gilt also:

$$\mathbf{V = \pi r^2 \cdot h.}$$

Volumen von „Spitzkörpern" wie Kegel und Pyramiden

Das Volumen eines Spitzkörpers berechnest du immer mit der Formel

$$V = \frac{1}{3} \cdot G \cdot h.$$

Da die Grundfläche eines Kegels ein Kreis ist, gilt für das Kegelvolumen also:

$$\mathbf{V = \frac{1}{3} \cdot \pi r^2 \cdot h.}$$

Übung 163

Berechnung von Pyramiden; Prozente

Die Cheops-Pyramide ist die älteste und größte der drei Pyramiden von Gizeh und mit ihrer ursprünglichen Höhe von fast 147 m gleichzeitig auch die höchste Pyramide der Welt. Jede Grundkante war früher 233 m lang.

a) Im alten Ägypten war die Pyramide von einer Schicht aus weißem Kalkstein umgeben, die das Sonnenlicht reflektierte, damit die Pyramide weithin sichtbar war.
Berechne die Oberfläche dieser Kalksteinschicht.

b) Berechne den Winkel zwischen der Seitenkante und der Grundfläche der Pyramide.

c) Heute ist die Pyramide etwa 10 m kleiner und jede Grundkante ist 3 m kürzer als früher.
Berechne, wie viel m^3 Gestein im Laufe der Zeit abgetragen wurde bzw. verwittert ist.

d) In der Literatur taucht manchmal die Aussage auf, die Erbauer hätten in den Maßen der Pyramide die Kreiszahl π verschlüsselt. Untersuche, ob der Umfang der Grundfläche der Cheops-Pyramide gleich dem Umfang eines Kreises ist, dessen Radius der Höhe der Pyramide entspricht.

Gegenüber der Annahme aus d) ist es wahrscheinlicher, dass von den Erbauern ein ganzzahliges Verhältnis der Seitenlänge (440 Königsellen) zur Höhe (280 Königsellen) gewählt wurde.
Um wie viel % weicht dieses Verhältnis zur Hälfte von π ab?

Übung 164

Berechnung von Kegeln

Das Innere eines Messbechers hat die Form eines Kegels, dessen Spitze nach unten zeigt. Der Kegel hat einen Radius von 5 cm und eine Höhe von 10 cm.

a) Welches Volumen hat das Gefäß, wenn es voll gefüllt ist?

b) Zeige, dass der Zusammenhang zwischen dem Volumen und der Füllhöhe x durch die Funktion $V(x) = \frac{1}{12}\pi \cdot x^3$ beschrieben werden kann.

c) In welcher Höhe von der Spitze aus gesehen muss der Eichstrich für einen Viertelliter angebracht werden?

Übung 165

Berechnung von Pyramidenstümpfen

In der Ruinenstadt Chichen Itza in Yucatan (Mexiko) liegt die Pyramide des Kukulcán. Sie besteht aus einem Pyramidenstumpf, auf dem sich ein 6 m hoher Tempel befindet, dessen Grundkantenlängen 13,42 m betragen. Der Pyramidenstumpf ist 24 m hoch und hat eine Grundkantenlänge von 55,3 m. Das obere Plateau hat eine Kantenlänge von 19,52 m. Berechne das Volumen der Pyramide mit dem aufgesetzten Tempel.

Übung 166

Trigonometrische Funktionen

Als „Tageslänge" bezeichnet man die Dauer des hellen Tages, also die Zeit zwischen Sonnenaufgang und Sonnenuntergang. Sie hängt von der geografischen Breite eines Ortes und der Jahreszeit ab. Verschiedene Tageslängen kehren im Laufe eines Jahres regelmäßig wieder. Am 21.03. beträgt die Tageslänge in Stuttgart 12 h 15 min; am Sommeranfang beträgt die Tageslänge 16 h 15 min.

a) Modelliere die Tageslänge von Stuttgart mithilfe einer trigonometrischen Funktion.
Tipp:
Beginne mit $f(x) = a \cdot \sin(bx) + d$, der 21.03. ist der erste Tag der Beobachtungen.

b) Wie lange etwa scheint die Sonne in Stuttgart am 05.02.?

c) An welchen Tagen scheint die Sonne etwa 15 h?

Übung 167

Trigonometrische Funktionen

In der Astronomie wird als „Tagbogen" derjenige Teil der Sternbahn bezeichnet, der sich über dem mathematischen Horizont befindet. Seine Länge entspricht der Zeit zwischen Auf- und Untergang des Gestirns. Da die Bahn im Meridian den Höchststand erreicht und somit Ost-West-symmetrisch ist, rechnet man in der Astronomie mit dem halben Tagbogen.
Der Tagbogen hängt ab von der geografischen Breite (φ) des Standortes und der Deklination (δ) des Gestirns. Mit diesen Angaben kann man den halben Tagbogen t berechnen. Es gilt:
$\cos(t) = -\tan(\varphi) \cdot \tan(\delta)$.

a) Wie lang ist am Äquator (geografische Breite $\varphi = 0°$) der Tagbogen aller Gestirne?

b) Wie lang ist der Tagbogen in der Nähe der Pole?

c) Wie lange scheint die Sonne in Berlin (52° nördlicher Breite) am 09.01. (Deklination der Sonne: $-22{,}20°$)?

Übung 168

Ganzrationale Funktionen

Die Bahnkurve, die die Kugel beim Kugelstoßen zurücklegt, unterliegt den Gesetzen der Physik und kann aufgrund der Schwerkraft annähernd durch eine Parabel der Form $f(x) = ax^2 + x + c$ beschrieben werden, da weitere Einflüsse von Luftwiderstand und Aerodynamik praktisch vernachlässigt werden können. Dabei befindet sich der Anfangspunkt der Parabel (gestreckte Wurfhand des Athleten) etwa zwei Meter über dem Endpunkt.

a) Der Weltrekord von Randy Barnes (USA; 1992) liegt bei 23,12 m.
Bestimme die Koeffizienten a und c, die zur zugehörigen Flugbahn gehören, und skizziere sie.
(Teilergebnis: $f(x) = -0{,}04699x^2 + x + 2$)

b) Welche maximale Höhe über dem Erdboden erreicht die Kugel während ihres Fluges?

c) Wann passiert die Kugel bei ihrer Abwärtsbewegung wieder die Höhe von 2 m?

d) Mit welchem Winkel zur Horizontalen hat Randy Barnes bei seinem Weltrekord die Kugel weggestoßen?

e) Im Training stößt der Werfer die Kugel gegen eine gleichmäßig ansteigende Böschung, die nach 10 m beginnt und nach weiteren 10 m eine Höhe von 2 m erreicht.
Bestimme den Punkt, an dem die Kugel auf die Böschung trifft.

Übung 169

Ganzrationale Funktionen

Konservendosen haben bei gleichem Volumen oft unterschiedliche Größen. Eine Firma möchte für ein neues Produkt eine Dose mit dem Fassungsvermögen von 500 ml herstellen.

a) Gib eine Funktionsgleichung an, die jedem Radius r in cm die zugehörige Höhe h in cm zuordnet, und skizziere den Graphen.

b) Welche Definitionsmenge ist bei dieser Funktion sinnvoll?

c) Wie hoch ist eine Dose mit dem Radius $r = 3\,\text{cm}$, $r = 5\,\text{cm}$, $r = 10\,\text{cm}$?

d) Welchen Radius hat eine Dose bei einer Höhe von $h = 7{,}5\,\text{cm}$?

e) Gib eine Funktionsgleichung an, die jedem Radius r in cm die zugehörige Oberfläche zuordnet (die Nähte sollen vernachlässigt werden). Welche Maße hat diejenige Konservendose, die die kleinste Oberfläche hat.

Übung 170

Ganzrationale Funktionen

Mit einer Länge von 2694 m und einer Hauptspannweite von 1624 m ist die Storebælt-Brücke in Dänemark derzeit die längste Hängebrücke Europas und die zweitlängste Hängebrücke der Welt nach der Akashi-Kaikyo-Brücke. Die Stahlbetonpylone haben eine Höhe von 254 m, die Fahrbahn befindet sich ungefähr 77 m über dem Wasser.

a) Gib eine zugehörige Funktionsgleichung an, deren Graph dem Spannseil zwischen den beiden Stahlbetonpylonen entspricht, und skizziere den Graphen.

b) Welche Definitionsmenge ist bei dieser Funktion sinnvoll?

5./6. KLASSE

7./8. KLASSE

9./10. KLASSE

Übung 171

Ganzrationale Funktionen; Ableitung

Für die Berechnung des Bremsweges gilt folgende Formel:
$s(t) = v_0 \cdot t - \frac{1}{2} a \cdot t^2$ mit der Anfangsgeschwindigkeit v_0 in $\frac{m}{s}$ und der Bremsverzögerung a in $\frac{m}{s^2}$.
Ein Auto fährt mit einer Geschwindigkeit von $v_0 = 100\,\frac{km}{h}$ und bremst ab. Gutachter rechnen mit einer Bremsverzögerung von $a = 7{,}5\,\frac{m}{s^2}$.

a) Skizziere den Graphen. Welchen Weg hat das Auto nach 1 s (2 s; 3 s) zurückgelegt?

b) Berechne die die momentane Änderungsrate $s'(t)$ nach 1 s (2 s; 3 s).

c) Welche Bedeutung hat die momentane Änderungsrate $s'(t)$? Skizziere den Graphen in das gleiche Koordinatensystem wie a).

d) Wann hat das Auto ganz abgebremst?

e) Berechne den Bremsweg mit obiger Formel für verschiedene Ausgangsgeschwindigkeiten und vergleiche mit dem Bremsweg, den du mit der Faustformel $s(t) = \left(\frac{v}{10}\right)^2$ mit v in $\frac{km}{h}$ erhältst.
Vergleiche auch mit der Gefahrbremsfaustformel $s(t) = \left(\frac{v}{10}\right)^2 : 2$.

Übung 172

Ganzrationale Funktionen; Ableitung

Auch wirtschaftliche Prozesse können mithilfe mathematischer Funktionen beschrieben werden. Eine Schülerfirma stellt exklusive Cityroller her. Die Produktionskosten K in € für x Stück betragen:

$$K(x) = 0{,}023x^3 - 3{,}6x^2 + 185x + 2680.$$

Ein Cityroller wird für 149 € verkauft, d.h. der Erlös E pro Cityroller beträgt 149 €.

a) Skizziere den Graphen von K.
Tipp:
$-10 \leqq x \leqq 150;\ -10 \leqq y \leqq 25\,000$

b) Gib den y-Achsenabschnitt des Graphen von K an. Was bedeutet dieser Wert im Zusammenhang mit den Produktionskosten? Bestimme die Produktionskosten für 50 Cityroller.

c) Gib die Funktionsgleichung für den Erlös in Abhängigkeit von der Stückzahl x an und zeichne den zugehörigen Graphen in das gleiche Koordinatensystem wie die Produktionskosten ein. Bestimme, wann die Schülerfirma Gewinn macht.
Hinweis:
Gewinn wird gemacht, wenn der Erlös höher als die Produktionskosten ist.

d) Bestimme die Produktionsmenge, für die der Gewinn maximal ist.
Tipp:
Bestimme das Maximum der Gewinnfunktion $G(x) = E(x) - K(x)$.

5./6. KLASSE

7./8. KLASSE

9./10. KLASSE

Übung 173

Vektoren; Linearkombination

Bestimmt kennst du noch die Raupe Nimmersatt. In den folgenden Abbildungen siehst du den Weg, den sich die Raupe durch verschiedene Lebensmittel gefressen hat.

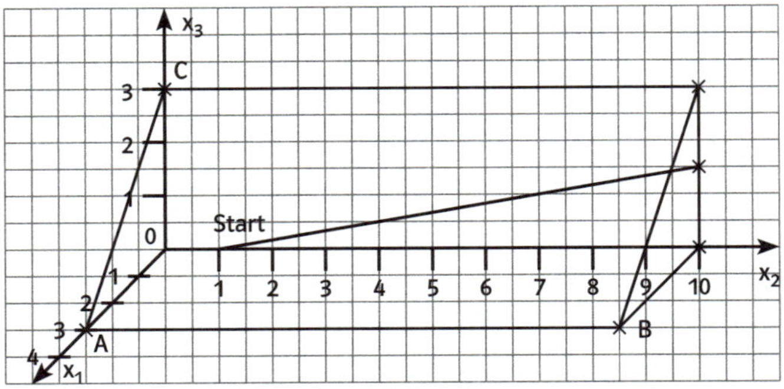

Abb. 1: „Toblerone"

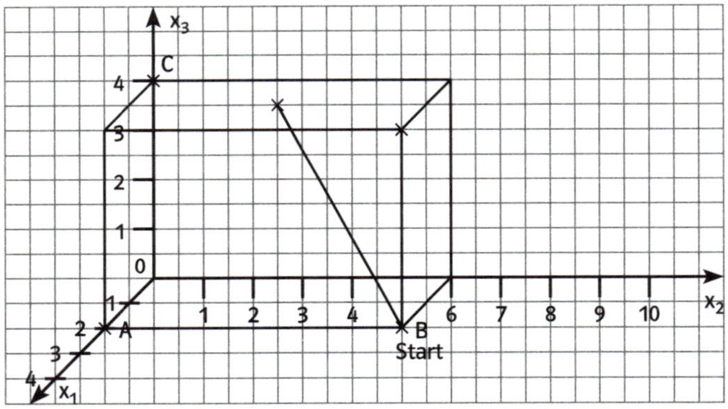

Abb. 2: „Stück Käse"

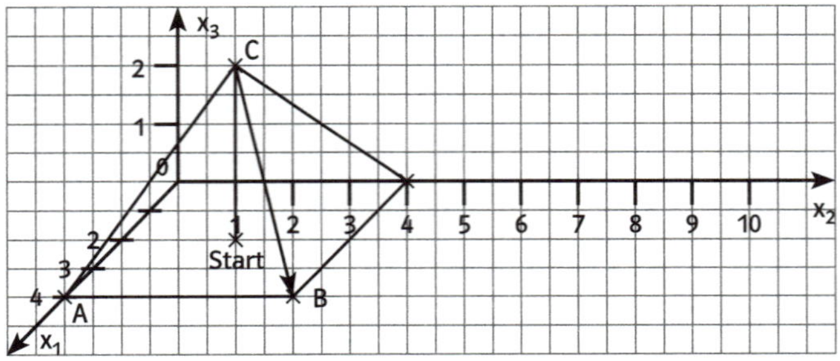

Abb. 3: „Praline"

a) Lies die Koordinaten der Punkte ab.

b) Beschreibe den Weg der Raupe vom Startpunkt zum Endpunkt mithilfe einer Linearkombination der Vektoren $\vec{a}$, $\vec{b}$ und $\vec{c}$.

Übung 174

Vektoren; Geraden im Raum

Die Raupe Nimmersatt hat einen Mitstreiter, den Käfer Immervoll. Beide fressen sich gemeinsam durch die Leckereien.

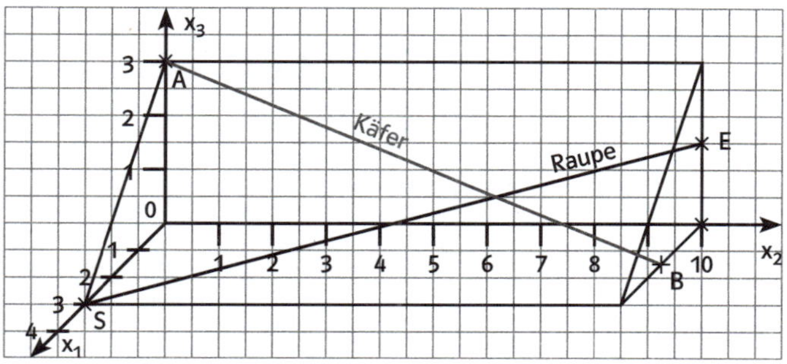

Abb. 1: „Toblerone" – Prisma im Raum

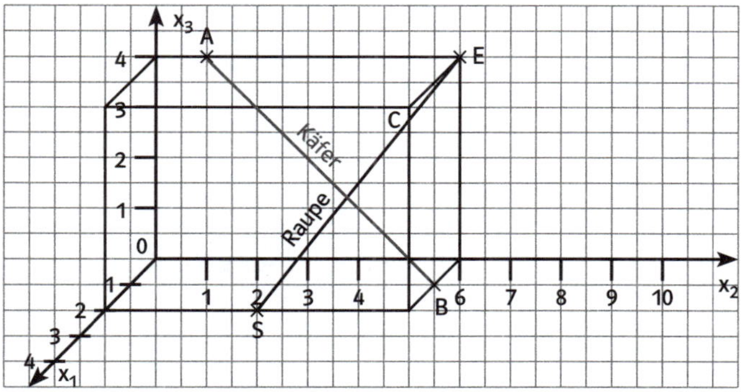

Abb. 2: „Stück Käse" – Quader im Raum

a) Lies die Koordinaten der Punkte ab.

b) Beschreibe den Weg der Raupe und des Käfers vom Startpunkt zum Endpunkt mithilfe von Geraden.

c) Begegnen sich die Raupe und der Käfer bei ihren Fressgängen?

5./6. KLASSE
7./8. KLASSE
9./10. KLASSE

Übung 175

Lineares und exponentielles Wachstum

Gib jeweils an, ob es sich bei den hier beschriebenen Vorgängen um lineares oder exponentielles Wachstum handelt, und stelle jeweils das zugehörige (explizite) Wachstumsgesetz auf.

a) Ein Baggersee wird ausgebaggert. Er wird jede Stunde um 12 m^3 größer.

b) Eine Algenart verdreifacht sich jede Woche.

c) Der Wert einer Immobilie steigt jährlich um 2 %.

d) Der Wert einer Immobilie nimmt jährlich um 2500 € ab.

Übung 176

Lineares und exponentielles Wachstum

Vater Knauser möchte seiner Tochter Ira einen Zuschuss zur Klassenfahrt geben. Er macht ihr zwei Angebote.

Angebot 1: 100 € sofort und am nächsten Tag sind es 102,50 €, am darauf folgenden Tag 105,00 € und so weiter. So wird der Geldbetrag 14 Tage lang täglich um 2,50 € erhöht.

Angebot 2: 2 ct am ersten Tag, am nächsten Tag 4 ct, dann 8 ct usw. So wird der Geldbetrag bis zum 14. Tag täglich verdoppelt.

Für welches Angebot sollte sich Ira entscheiden?
Begründe deine Meinung.

Übung 177

Exponentielles und begrenztes Wachstum

Die Schule hat einen neuen Kaffee- und Kakaoautomaten für die Schüler aufgestellt. Der frisch gebrühte Kakao hat etwa 80 °C und kühlt im Becher pro Minute um 20 % der Differenz zur Außentemperatur (etwa 20°) ab.

a) Stelle das zugehörige Wachstumsgesetz auf.

b) Nach wie vielen Minuten hat der Kakao eine Temperatur von 40 °C?

Exponentielles Wachstum

Beim exponentiellen Wachstum ändert sich der Bestand prozentual, d. h. dividierst du den nachfolgenden Bestand B(t+1) durch den Bestand B(t), erhältst du immer den gleichen Wert.

Es gilt: $\frac{B(t+1)}{B(t)} = a$ oder äquivalent dazu $B(t+1) = a \cdot B(t)$.

Das ist die **rekursive Darstellung** des exponentiellen Wachstums.
a heißt **Wachstumsfaktor**.

Du kannst den Bestand zu jedem beliebigen Zeitpunkt t auch direkt berechnen.
Es gilt $B(t) = B(0) \cdot a^t$.
Das ist die **explizite Darstellung** des exponentiellen Wachstums.

Beispiel: $a = 1{,}05$ bedeutet eine Zunahme um $1 - 1{,}05 = 0{,}05 = 5\,\%$
$a = 0{,}85$ bedeutet eine Abnahme um $1 - 0{,}85 = 0{,}15 = 15\,\%$

Begrenztes Wachstum

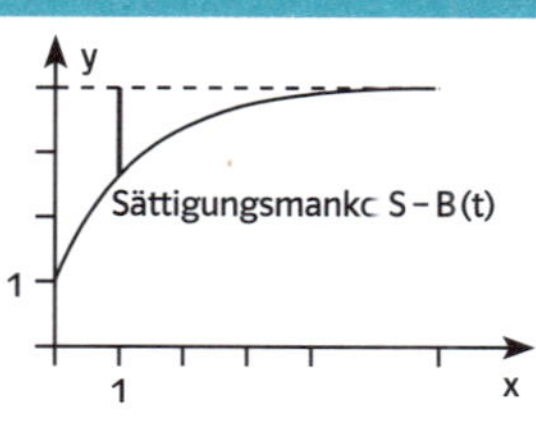

Beim begrenzten Wachstum (auch beschränktes Wachstum genannt) gibt es für den Bestand eine Grenze (Schranke) S, die nicht überschritten werden kann. Der Bestand wächst dabei proportional zu dem Restbestand. Dies ist die Differenz zwischen dem noch vorhandenen Bestand B(t) und der Grenze S und wird auch **Sättigungsmanko** [S – B(t)] genannt.
Die Änderungsrate sinkt, je weiter man sich der Grenze S nähert.
Das begrenzte Wachstum kann anders als das lineare und exponentielle Wachstum nicht explizit berechnet werden. Hier kannst du den Bestand nur schrittweise aus dem direkt vorangegangenen Bestand berechnen.

Es gilt: $\mathbf{B(t+1) = B(t) + k \cdot (S - B(t))}$ oder
$\mathbf{Bestand_{neu} = Bestand_{alt} + Faktor \cdot Sättigungsmanko}$

Übung 178

Exponentielles Wachstum

In einem Versuch im Unterricht wird die Vermehrung von Hefe untersucht und die Messdaten in einer Tabelle festgehalten.

Zeit t in h	1	2	…	5
Hefemenge in mg	18,1	29,0	…	111,9

a) Die Schüler vermuten, dass die Hefemenge exponentiell zunimmt. Bestimme unter dieser Annahme aus den Daten der ersten beiden Stunden das zugehörige Wachstumsgesetz und gib den Bestand für die ersten 5 Stunden an.

b) Eignet sich das Wachstumsgesetz aus a) zur Modellierung des Wachstums von Hefe? Begründe.

c) Weitere Messwerte lassen den Schluss zu, dass das Wachstum der Hefe näherungsweise einem Gesetz der Form
$B(t+1) = B(t) + k \cdot B(t) \cdot (663 - B(t))$ gehorcht (t = Zeit in Stunden; $B(t)$ = Hefekultur in mg). Welche Bedeutung hat dabei der Wert 663?
Bestimme mithilfe der ersten beiden gemessenen Daten aus der Tabelle den Wachstumsfaktor k auf 5 Dezimalen genau.
Wie viel Hefe müsste nach diesem Modell nach 5 Stunden vorhanden sein?

d) Eine weitere Schülergruppe hat ihr Hefewachstum mit folgendem Gesetz modelliert: $B(t+1) - B(t) = -0{,}00098 \cdot B(t)^2 + 0{,}6566 \cdot B(t)$
Zeige, dass es sich hierbei ebenfalls um ein logistisches Wachstum der Form $B(t+1) = B(t) + k \cdot B(t) \cdot (S - B(t))$ handelt, und bestimme k und S.

Übung 179

Exponentielles Wachstum

Hefepilze dienen als wichtige Substanz nicht nur beim Backen, sondern auch bei der Produktion von Alkohol. In einem Schülerversuch wird die Vermehrung von Hefe untersucht und die Messdaten in einer Tabelle festgehalten.

Zeit t in h	1	2	…	5
Hefemenge in mg	18,1	29,0	…	111,9

a) Die Schüler vermuten, dass die Hefemenge exponentiell zunimmt. Bestimme unter dieser Annahme aus den Daten der ersten beiden Stunden das zugehörige Wachstumsgesetz.
Wie groß war der Anfangsbestand?

b) Um wie viel Prozent ändert sich die Hefemenge pro Viertelstunde?

c) Wann wäre die Hefemenge auf das Hundertfache angewachsen?

d) Wie viel Hefe wäre nach diesem Modell nach 5 Stunden zu erwarten? Vergleiche den berechneten mit dem gemessenen Wert aus der Tabelle und berechne den prozentualen Unterschied.

Übung 180

Exponentielles Wachstum; Halbwertszeit

Mit dem Kohlenstoffisotop ^{14}C kann das Alter von kohlenstoffhaltigen Materialien (z. B. Fossilien) bestimmt werden. Nach dem Absterben baut der Organismus das Kohlenstoffisotop ^{14}C ab. Die Halbwertszeit von ^{14}C beträgt etwa 5730 Jahre.

a) Bei einem Fossil wurde ein ^{14}C-Gehalt von 12 % gemessen.
Wie alt ist das Fossil ungefähr?

b) Die Radiokarbonmethode zur Altersbestimmung funktioniert mit einer hinreichenden Genauigkeit bis zu einem Gehalt von 0,1 % des ursprünglich vorhandenen Kohlenstoffisotops ^{14}C.
Berechne, bis zu welchem Alter man die Methode anwenden kann.

Übung 181

Lineares und exponentielles Wachstum

Bei einem Versuch soll die Vermehrung von Bakterien untersucht werden. Nach drei Tagen wurden 250 Bakterien gezählt, nach 10 Tagen waren es 378.

a) Wie viele Bakterien sind nach 20 Tagen bei linearem und bei exponentiellem Wachstum vorhanden?

b) Zu Beginn des Versuches waren 200 Bakterien vorhanden. Berechne den Anfangswert bei linearem und exponentiellem Wachstum und die prozentuale Abweichung zu den beiden Startwerten.
Welche Wachstumsart liegt demzufolge vermutlich vor?

Übung 182

Beschränktes Wachstum

Ein neuer Fischteich soll angelegt werden. Zu Beginn werden 10 Fische ausgesetzt. Aus Erfahrung weiß man, dass sich die Fische jährlich um etwa 25 % vom Unterschied zwischen den schon vorhandenen Fischen und der geschätzten Kapazität des Teiches (800 Fische) vermehren.

a) Gib eine Beschreibung dieses Wachstums an (t in Jahren).

b) Nach welcher Zeit sind 750 Fische vorhanden?

Übung 183

Exponentielles Wachstum; Halbwertszeit

a) Plutonium ist ein giftiges und radioaktives Schwermetall, es entsteht bei Kernreaktionen in Kernkraftwerken. ^{241}Pu hat eine Halbwertszeit von 14,35 Jahren.
Wie viel Prozent beträgt die jährliche (tägliche) Abnahme?

b) Salmonellen vermehren sich unter gewissen Bedingungen exponentiell. Schon nach 12 Minuten hat sich ihre Anzahl auf 200 verdoppelt. Stelle das zugehörige Wachstumsgesetz auf.
Mit welchem Faktor wächst die Anzahl stündlich?

5./6. KLASSE
7./8. KLASSE
9./10. KLASSE

Übung 184

Bäume; Pfadregeln

Bei einem Multiple-Choice-Test gibt es zu jeder der vier gestellten Aufgaben vier Antworten, von denen immer eine richtig ist. Andreas hat sich nicht auf den Test vorbereitet und muss raten.
Kreuze an, ob die folgenden Aussagen richtig oder falsch sind.

Die Wahrscheinlichkeit, dass …	**richtig**	**falsch**
… alle vier Aufgaben richtig beantwortet werden, beträgt etwa 0,4 %.		
… keine Aufgabe richtig beantwortet wird, beträgt 0,4 %.		
… genau zwei Aufgaben richtig beantwortet werden, beträgt 21,1 %.		
… mindestens drei Aufgaben richtig beantwortet sind, beträgt 8,1 %.		

Übung 185

Bäume; Pfadregeln; Erwartungswert

Für das Schulfest überlegen sich die neunten Klassen ein Glücksspiel: Es wird einmal mit drei Würfeln geworfen; für jeden Würfel, der mindestens eine 5 zeigt, wird der Einsatz verdoppelt, ansonsten wird er halbiert.

a) Zeichne ein (vereinfachtes) Baumdiagramm für dieses Glücksspiel.

b) Wenn ein Besucher des Schulfestes mit einem Startkapital von 2 € antritt, mit wie viel Euro kann er nach einem Spiel rechnen?

Erwartungswert

Mit dem Erwartungswert kann man berechnen, welcher Wert für die Zufallsvariable bei einer großen Zahl von Durchführungen zu erwarten ist. Den Erwartungswert E(X) kannst du berechnen, indem du jeden Wert der Zufallsvariablen mit seiner zugehörigen Wahrscheinlichkeit multiplizierst und dann die Produkte addierst.

Kurz: $E(X) = x_1 \cdot P(X=x_1) + x_2 \cdot P(X=x_2) + x_3 \cdot P(X=x_3) + \ldots + x_n \cdot P(X=x_n)$

Faires Glücksspiel

Ist $E(X) > 0$, so nennt man das Spiel günstig für den Spieler.
Ist $E(X) = 0$, so nennt man das Spiel fair.
Ist $E(X) < 0$, so nennt man das Spiel ungünstig (unfair) für den Spieler.

Übung 186

Bäume; Pfadregeln; Erwartungswert; Zufallsvariable

Aydin und Alessa werfen als Pausenunterhaltung so lange eine Münze, bis Zahl erscheint, maximal jedoch 3-mal. Aydin „zahlt" an Alessa für jeden notwendigen Wurf ein Bonbon. Ist nach dem dritten Wurf noch keine Zahl gefallen, muss Aydin 5 Bonbons abtreten.

a) Bestimme mithilfe der Verteilung der Zufallsvariablen X (X = Anzahl der Bonbons, die Aydin „zahlen" muss) den Erwartungswert.

b) Welchen Einsatz müsste Alessa zahlen, damit das Spiel fair ist?

Übung 187

Bäume; Pfadregeln; Erwartungswert

Um für ihre Klassenfahrt etwas Geld dazuzuverdienen, hat die zehnte Klasse auf dem Schulfest einen Spielstand aufgebaut, an dem mit ver-bundenen Augen Tischtennisbälle aus einem Topf gezogen werden können. In dem Topf sind jeweils 6 Tischtennisbälle mit der Aufschrift (+1) und (+2) und 8 Bälle mit der Aufschrift (−3).

Das Spiel funktioniert folgendermaßen:
Es wird zweimal mit Zurücklegen gezogen und die Summe der gezogenen Zahlen berechnet. Ist die Summe positiv, wird sie als Betrag in Euro ausbezahlt; ist die Summe negativ, muss der Betrag in Euro gezahlt werden.

a) Bestimme die Wahrscheinlichkeit, dass ein Spieler gewinnt.

b) Mit welcher Wahrscheinlichkeit gewinnt ein Spieler im vierten Spiel zum zweiten Mal?

c) Mit welchem Betrag, den sie einnimmt, kann die 10. Klasse rechnen?

d) Während des Schulfestes streiten sich zwei Schüler darüber, ob es einen Unterschied macht, wenn man die beiden Tischtennisbälle gleichzeitig ziehen würde oder nicht. Was meinst du dazu? Begründe.

Übung 188

Bäume; Pfadregeln; Erwartungswert; Binomialverteilung

Ein Hersteller von Glühbirnen garantiert, dass höchstens 5 % der gelieferten Glühbirnen Ausschuss sind. Ein Baumarkt, der die Glühbirnen weiterverkauft, prüft jede Lieferung nach dem folgenden Verfahren: Jeder Lieferung wird eine Stichprobe von 20 Glühbirnen zufällig entnommen. Sind darin höchstens 2 defekte Glühbirnen, wird die Lieferung angenommen. Enthält die Stichprobe 3 oder mehr defekte Glühbirnen, wird die Lieferung zurückgegeben.

a) Mit welcher Wahrscheinlichkeit wird eine Lieferung angenommen?

b) Ein Mitarbeiter des Baumarktes möchte mehr Sicherheit über die Anzahl der funktionierenden Glühbirnen haben und schlägt deshalb vor, eine Stichprobe von 40 Stück zu nehmen und höchstens 3 defekte Glühbirnen zu erlauben. Was meinst du dazu? Begründe.

Übung 189

Bäume; Pfadregeln; Erwartungswert; Binomialverteilung

Für ein Fest müssen Lichterketten mit Glühbirnen versehen werden. Dabei stellt sich heraus, dass 85 % der Glühbirnen funktionieren. 8 % der Glühbirnen konnten jedoch nur schwer in die Fassungen geschraubt werden. Insgesamt stehen 160 Glühbirnen zur Verfügung.

a) Wie groß ist die Wahrscheinlichkeit, dass 140 Glühbirnen funktionieren?

b) Wie groß ist die Wahrscheinlichkeit, dass mindestens 5 Glühbirnen schwer eingeschraubt werden können?

Übung 190

Bäume; Pfadregeln; Erwartungswert

Auf seinem Schulweg muss Martin zwei Straßen überqueren, an denen jeweils eine Ampel angebracht ist. Mit der Zeit stellt Martin fest, dass die erste Ampelanlage beim Herankommen mit einer Wahrscheinlichkeit von $\frac{1}{3}$ auf grün schaltet, die zweite mit einer Wahrscheinlichkeit von 50 %.

a) Zeichne das zugehörige Baumdiagramm und gib die Wahrscheinlichkeiten für die folgenden Ereignisse an:
   A: Martin kann ohne Warten beide Ampeln passieren.
   B: Martin muss an beiden Ampeln warten.

b) Martin geht an etwa 210 Tagen diesen Schulweg. An wie vielen Tagen muss er voraussichtlich an mindestens einer der Ampeln warten?

Übung 191

Strahlensätze

In dem Spielfilm „Apollo 13“ versucht der Hauptdarsteller Tom Hanks als Astronaut, den Durchmesser des Mondes mit seinem Daumen zu peilen. Sein Daumen ist 1,5 cm breit, der ausgestreckte Arm etwa 43 cm vom Auge entfernt und das Raumschiff ist 99 645,333 km vom Mond entfernt.

a) Wie groß schätzt der Astronaut den Durchmesser des Mondes?

b) Wie wirkt es sich auf das Ergebnis aus, wenn die Daumenbreite 1 mm ist?

Übung 192

Satz des Pythagoras

Der Haupteingang in den Louvre in Paris ist eine quadratische Glaspyramide nach dem Vorbild der großen Pyramide von Gizeh. Diese Glaspyramide ist mittlerweile zu einem Wahrzeichen der Stadt Paris geworden. Ihre Grundkante ist 35,42 m, eine Mantelkante 41,50 m lang.

a) Wie hoch ist die Pyramide?

b) Wie viele m^2 Glasfläche müssen die Fensterputzer reinigen?

Übung 193

Sinus, Kosinus und Tangens im rechtwinkligen Dreieck

Das Ulmer Münster ist die im gotischen Stil gebaute Hauptkirche von Ulm. Sein Turm ist der höchste Kirchturm der Welt.
Wenn die Sonnenstrahlen mit 30° auf den Kirchturm treffen, ist sein Schatten auf dem Münsterplatz 279,78 m lang.
Wie hoch ist der Kirchturm des Ulmer Münsters?

Übung 194

Körperberechnungen

Ein Futtermittelsilo besteht aus einem 9 m hohen Zylinder und einem 3 m hohen Kegel. Der Radius beträgt 4 m (s. Abb.).

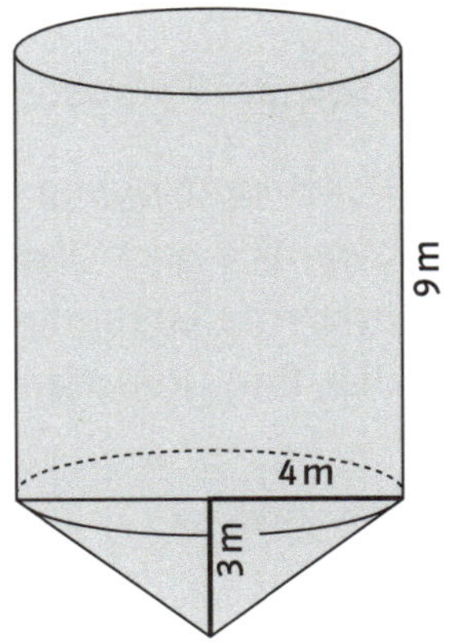

a) Überschlage im Kopf, wie groß das Gesamtvolumen des Silos ist, und kreuze die richtige Antwort an.

- ○ $112\,m^3$
- ○ $576\,m^3$
- ○ $480\,m^3$
- ○ $368\,m^3$

b) Im Silo befinden sich noch $250\,m^3$ Futter. Wie hoch steht das Futter im Silo?

c) Das Silo soll angestrichen werden. Für wie viel m^2 wird Farbe benötigt?

d) Das leere Futtersilo wird gleichmäßig mit Futter gefüllt. Welcher Graph veranschaulicht, wie sich die Futterhöhe mit der Zeit ändert? Kreise den Buchstaben des passenden Graphen ein.

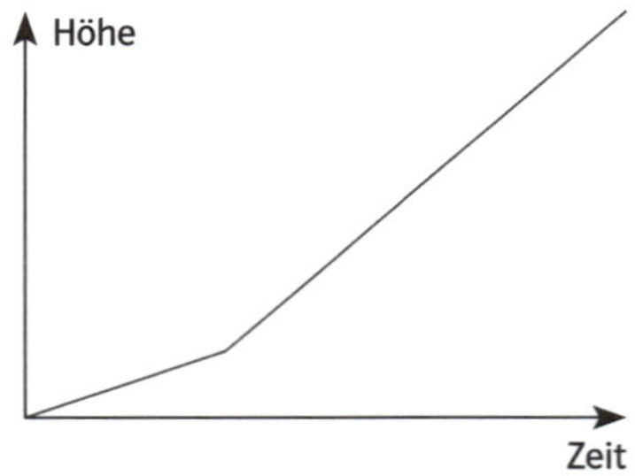

Graph A

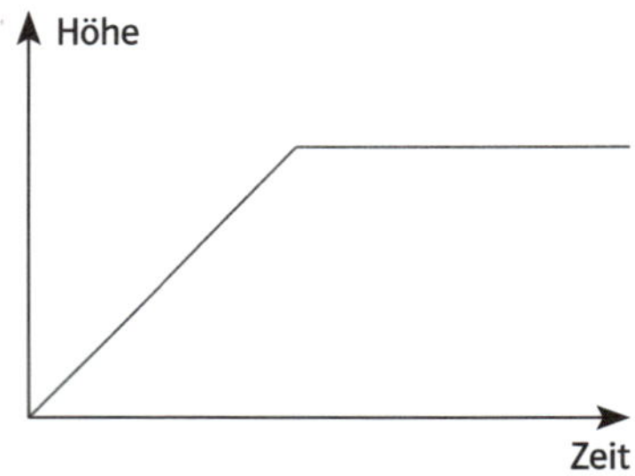

Graph B

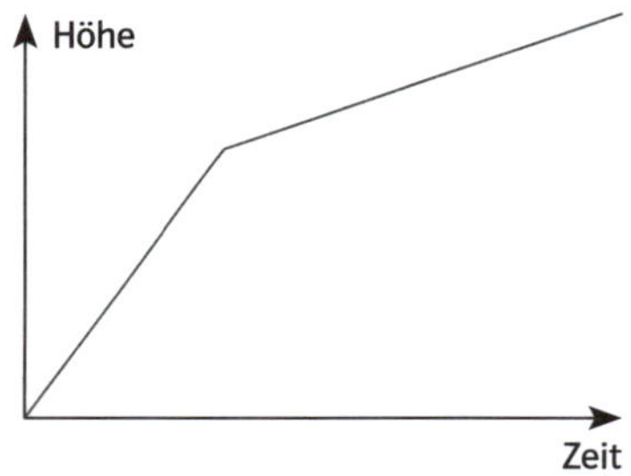

Graph C

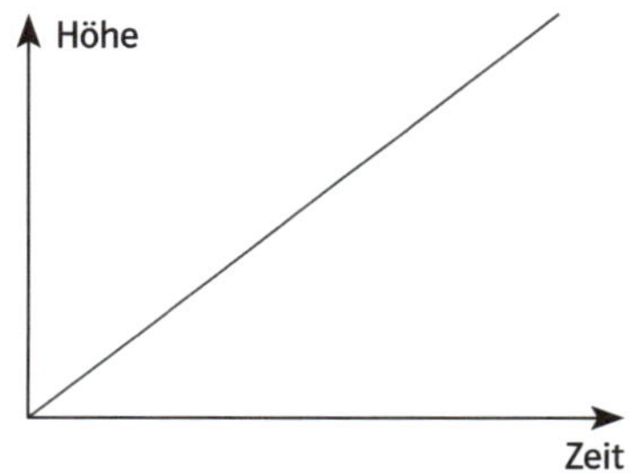

Graph D

Übung 195

Funktionen und ihre Eigenschaften; Figuren

Es sei ein Trapez ABCD im Koordinatensystem gegeben mit A(0 | 0), B(8 | 0), C(8 | 3) und D(0 | 15). In dieses Trapez wird ein Rechteck wie folgt einbeschrieben: Der Punkt A ist ein Eckpunkt des Rechtecks, und ein Punkt P der Trapezseite $\overline{CD}$ ist ebenfalls Eckpunkt des Rechtecks. Die beiden weiteren Punkte des Rechtecks liegen auf den Koordinatenachsen.

a) Wie groß ist der Flächeninhalt des Trapezes?

b) Der Punkt P(2 | y) liegt auf der Trapezseite $\overline{CD}$ und ist Eckpunkt des einbeschriebenen Rechtecks.
Bestimme den Flächeninhalt dieses Rechtecks.

c) Bewegt sich der Punkt P(x | y) auf der Trapezseite $\overline{CD}$, dann ändert sich auch der Flächeninhalt des Rechtecks.
Begründe, dass sich der Flächeninhalt durch eine Funktion f mit $f(x) = x \cdot (-1{,}5x + 15)$ beschreiben lässt.

d) Welches Rechteck hat den größten Flächeninhalt?

Übung 196

Funktionen und ihre Eigenschaften; Figuren

Das Profil eines Geländequerschnitts kann von Westen nach Osten durch den Graphen einer Funktion f beschrieben werden mit

$$f(x) = 0{,}35x^5 - 2x^4 + 13x^2 - 8x + 20$$

(x in 100 m; $-2{,}5 \leqq x \leqq 5$; f(x) in 100 m über dem Meeresspiegel).

a) Skizziere den Geländequerschnitt in einem geeigneten Maßstab.

b) Wie hoch ist der Berg im Westen?

c) Wie hoch ist der tiefste Punkt über dem Meeresspiegel?

d) Steigt das Gelände im Osten nur an?

e) Wo fällt das Gelände am stärksten?

Übung 197

Funktionen und ihre Eigenschaften

Die deutsche Nordseeküste unterliegt den Gezeiten, d.h. die Wassertiefe verändert sich in einem regelmäßigen Rhythmus von ca. 6 Stunden abwechselnd zu Flut und Ebbe. An jedem Tag gibt es also etwa zweimal Flut und Ebbe. Dazu kommt, dass sich während eines Monats wegen der Mondphasen die Hoch- und Niedrigwasserstände ändern mit zweimal 4 Tagen Maximalwerten (Springzeit) und zweimal 4 Tagen Minimalwerten (Nippzeit). Dazwischen liegen 3 Tage Mittzeit.
Der Graph der Funktion f beschreibt solch eine Gezeitenkurve während eines Monats:

$$f(x) = \frac{3}{10}\sin\left(\frac{12}{30}x + \frac{\breve{u}}{4}\right) + \frac{3}{2}; \quad (0 \leqq x \leqq 30)$$

Die Funktion g mit $g(x) = \sin(12x)$ gibt den täglichen Wasserpegel während eines Monats an.

a) Skizziere die Graphen von f und g.

b) Bestimme innerhalb der ersten 7 Tage des Monats, wann Springzeit ist, und gib an, ob es sich um das höchste Hochwasser oder das niedrigste Niedrigwasser handelt.

c) Die Funktion f ist vom Typ $f(x) = a \cdot \sin(b \cdot x + c) + d$.
Beschreibe die mathematische Bedeutung der Variablen a, b, c und d.

Übung 198

Vektoren

Ein Fluglotse überprüft die Flugbahnen von zwei Flugzeugen.
Zu Beginn der Beobachtung hat das erste Flugzeug die Position (1 | 6 | 2), das zweite die Position (5 | 10 | 4). Bei der zweiten Beobachtung hat das erste Flugzeug die Position (2 | 8 | 4), das zweite die Position (6 | 11 | 4). Überprüfe, ob sich die Flugbahnen der Flugzeuge kreuzen, bzw. wie nah sich die Flugzeuge kommen können, wenn eine Koordinateneinheit 1 km bedeutet.

Übung 199

Wachstum

Salmonelleninfektionen kommen in der heißeren Jahreszeit häufiger vor und sind besonders gefährlich für Menschen mit geschwächtem Immunsystem, ältere Menschen oder Kleinkinder. Salmonellen verdoppeln sich bei 37 °C etwa alle 30 Minuten, im Kühlfach nur alle 2 Tage. Für ein Schulfest wird morgens um 9 Uhr eine Cremespeise zubereitet. Sie ist, was unvermeidbar ist, mit ca. 60 Keimen verunreinigt; dies ist für den Menschen unbedenklich.

a) Untersuche die Entwicklung der Salmonellenzahl bei 37 °C und im Kühlschrank. Stelle dafür jeweils einen Funktionsterm auf und skizziere die Entwicklung.

b) Wie viel Salmonellen sind jeweils um 14 Uhr in der Cremespeise vorhanden?

c) Ein gesunder Mensch kann sich je nach Erreger bei 1000 bis 1 000 000 Keimen infizieren. Wann jeweils ist diese kritische Spanne erreicht?

Übung 200

Wahrscheinlichkeiten

Konni und Steffen beschriften einen idealen Würfel für ein Glücksspiel mit 3 Einsen, 2 Zweien und 1 Sechs. Bei einem Einsatz von 1 ct darf man zweimal würfeln. Dabei muss man bei jeder gewürfelten Eins noch 1 ct zahlen, bei jeder Zwei erhält man 1 ct ausbezahlt und bei jeder gewürfelten Sechs sogar 2 ct.

a) X sei die Zufallsvariable für Verlust/Gewinn. Überlege zuerst, welche Werte X annehmen kann, und bestimme dann die zugehörige Wahrscheinlichkeitsverteilung.

b) Mit welchem Gewinn kann ein Spieler rechnen?

LÖSUNGEN

Übung 1

a) sieben; dreizehn Millionen zweihunderttausend; viertausend; acht Millionen fünfhunderttausend; vierunddreißig Millionen; vierundzwanzig Millionen neunhunderttausend; fünfhundertdreiundzwanzig Millionen; dreihunderteinundachtzig Millionen; siebzehn Millionen achthunderttausend; zehn Millionen fünfhunderttausend; siebenhundertdreiunddreißig Millionen; vierundvierzig Millionen vierhunderttausend; vier Milliarden (und) zehn Millionen; dreißig Millionen dreihunderttausend; neunhundertvierundvierzig Millionen

b) Ordnung der Kontinente nach ihrer Größe:
Australien < Europa < Antarktika < Südamerika < Nordamerika < Afrika < Asien

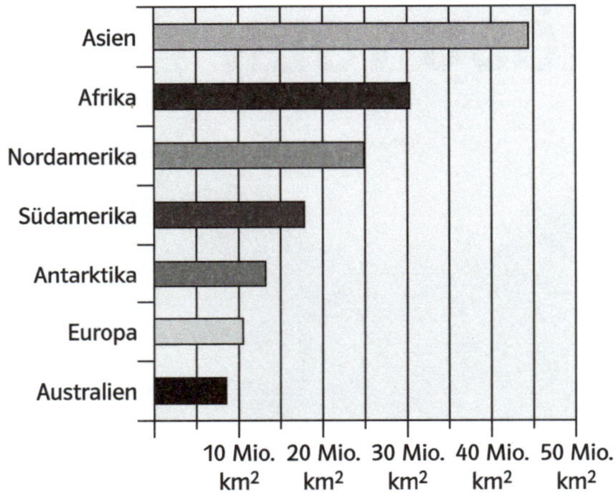

c) Ordnung der Kontinente nach ihrer Einwohnerzahl:
Antarktika < Australien < Südamerika < Nordamerika < Europa < Afrika < Asien

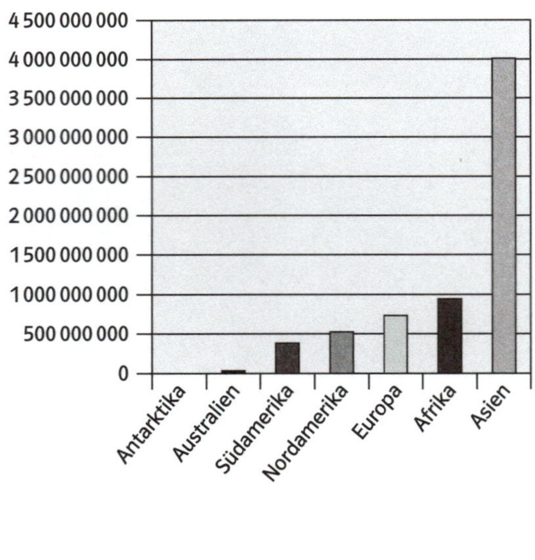

Übung 2

a) 17 075 400; 440 000; 142 893 540; 16 620; 14 520 800; 3534

b) $17\,075\,400\,km^2 - 0{,}44\,km^2 = 17\,075\,399{,}56\,km^2$

Übung 3

Es waren mindestens 545 000 Zuschauer und höchstens 554 999 Zuschauer da.

Übung 4

a), c)

Stadt	Fläche in km^2	Einwohner	Einwohnerdichte (Einwohner/km^2)
Madrid	600	3 200 000	≈ 5300
Paris	100	2 100 000	≈ 21 000
Rom	1300	2 700 000	≈ 2077
London	1600	7 600 000	≈ 4750
Berlin	900	3 400 000	≈ 3778
Hamburg	800	1 800 000	≈ 2250
Warschau	500	1 700 000	≈ 3400

b)

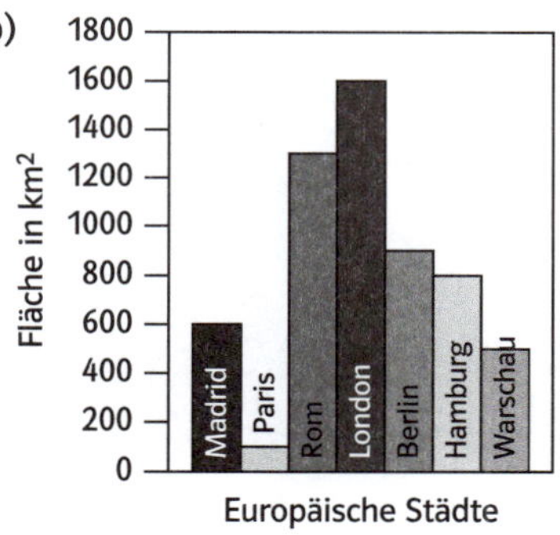

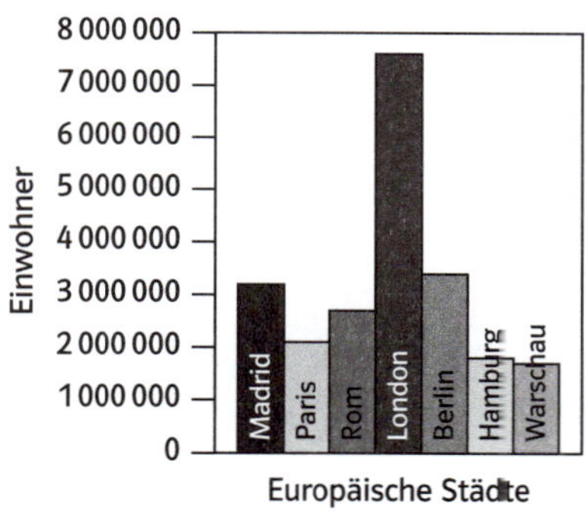

c)

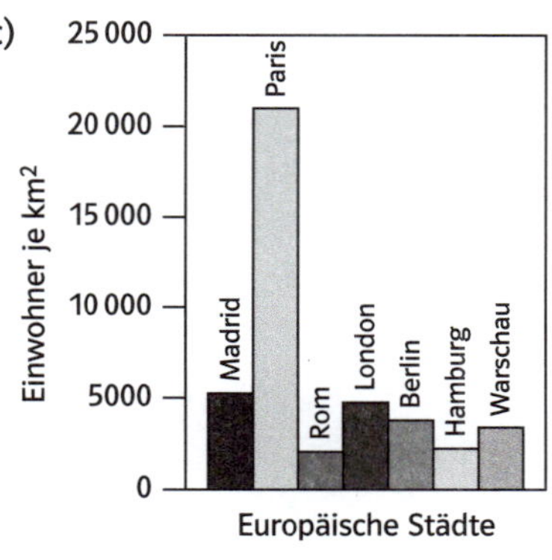

Übung 5
$1518 - 80 = 1438$ Plätzchen werden verpackt.
$1438 : 20 = 71$ Rest 18;
$18 : 3 = 6$
Es werden 71 große Tütchen und 6 kleine Tütchen benötigt.

Übung 6
a) $(51 - 15) : (8 + 4) = 36 : 12 = 3$
b) $(148 - 53) \cdot (258 + 941) = 95 \cdot 1199 = 113\,905$
c) $[13 \cdot 351 - (254 + 571)] \cdot (50904 : 14) = (4563 - 825) \cdot 3636$
$= 3738 \cdot 3636 = 13\,591\,368$

Übung 7
$5\,911\,000 + 3\,411\,000 + 4\,592\,000 + 6\,073\,000 + 7\,076\,000 = 27\,063\,000$

Übung 8
a) 10 111 346
b) $54\,157\,817 - 52\,821\,778 = 1\,336\,039$
c) $10\,328\,120 + 54\,157\,817 + 13\,357\,741 = 77\,843\,678$
d) Stuttgart: ≈ 0,02; Frankfurt: ≈ 0,025; Berlin: ≈ 0,12
Berlin hatte den größten Zuwachs.

Übung 9
45 m, 90 m;
90 m, 120 m;
12 cm, 9,15 m;
7,32 m, 2,44 m;
68 cm, 70 cm;
410 g, 450 g

Übung 10
750 g;
1750 g;
1500 g;
800 g;
1500 g;
1250 g

Übung 11

a) 54 005 km − 52 072 km = 1933 km

b) 17 893 km + 25 432 km = 43 325 km

Übung 12

42 936 € : 12 € = 3578 Der Park hatte 3578 Besucher.

Übung 13

$4 \cdot 1520\,kg + 3 \cdot 870\,kg + 2400\,kg = 6080\,kg + 2610\,kg + 2400\,kg = 11\,090\,kg = 11{,}09\,t$

Das zulässige Gesamtgewicht von 9,94 t wird überschritten werden.

Übung 14

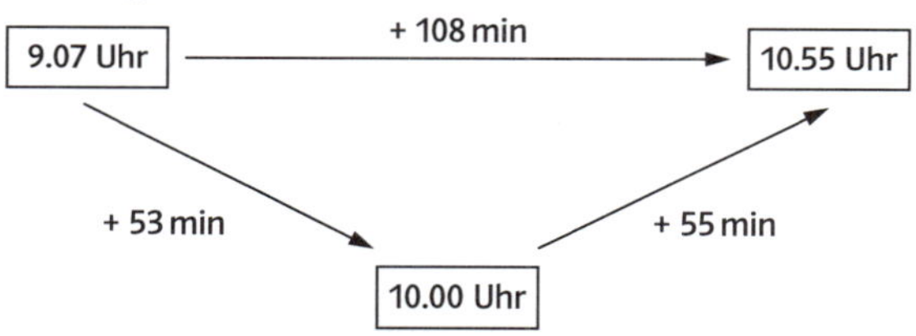

Um 10.55 Uhr Moskauer Zeit landete Juri Gagarin wieder auf der Erde.

Übung 15

a) Am 21. Juli 1969 um 17.54 Uhr startete die Mondkapsel zu ihrem Rückflug zur Erde.

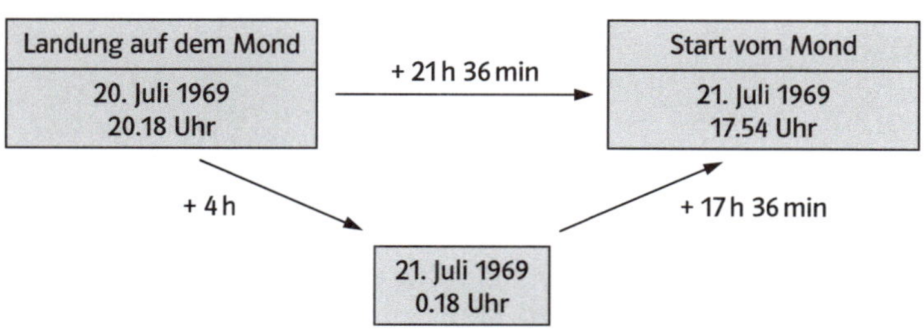

b) Der Rückflug dauerte 2 Tage, 22 Stunden und 58 Minuten.

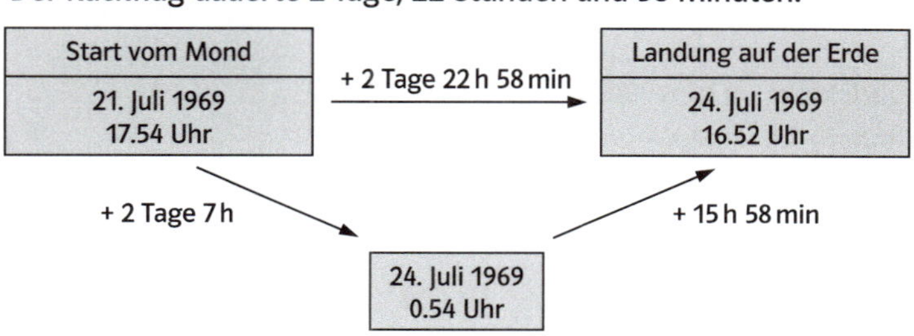

Übung 16

a) Dauer für alle 4050 Sendungen: $4050 \cdot 35\,\text{min} = 141\,750\,\text{min}$
   1 Tag ohne 8 Stunden für den Schlaf hat $16\,\text{h} = 960\,\text{min}$.
   Anzahl der „Seh-Tage": $141\,750\,\text{min} : 960\,\text{min} = 147{,}66 \approx 148$
   Die Sommerferien mit ca. 40 bis 50 Tagen reichen nicht aus, um alle Sendungen anzusehen.

b) Man bräuchte $141\,750 : 120 = 1181$ Rest 30, also 1182 DVDs.

c) $1182 \cdot 0{,}5\,\text{cm} = 591\,\text{cm} = 5{,}91\,\text{m}$.
   Die DVDs nehmen 5,91 m Platz ein.

Übung 17

a) Der Zaun ist $2 \cdot 84\,\text{m} + 1 \cdot 12\,\text{m} = 180\,\text{m}$ lang.

b) Der Garten ist $84\,\text{m} \cdot 12\,\text{m} = 1008\,\text{m}^2 \approx 10\,\text{a}$ groß.

c) Fläche des Rasens: $\frac{1}{2} \cdot 1008\,\text{m}^2 = 504\,\text{m}^2$
   Rasenmäh-Geschwindigkeit: $48\,\text{m}^2 : 15\,\text{min} = 3{,}2\,\text{m}^2$ pro min
   Mäh-Dauer: $504\,\text{m}^2 : \frac{3{,}2\,\text{m}^2}{\text{min}} = 157{,}5\,\text{min} = 2\,\text{h}\ 37\,\text{min}\ 30\,\text{s}$

Übung 18

a) Kleinstes zulässiges Feld: Fläche: $45\,\text{m} \cdot 90\,\text{m} = 4050\,\text{m}^2$
   Umfang: $2 \cdot 45\,\text{m} + 2 \cdot 90\,\text{m} = 270\,\text{m}$
   Größtes zulässiges Feld: Fläche: $90\,\text{m} \cdot 120\,\text{m} = 10\,800\,\text{m}$
   Umfang: $2 \cdot 90\,\text{m} + 2 \cdot 120\,\text{m} = 420\,\text{m}$

b) $4050\,\text{m}^2 = 40{,}5\,\text{a} = 0{,}405\,\text{ha}$;
   $270\,\text{m} = 0{,}27\,\text{km}$;
   $10\,800\,\text{m}^2 = 108\,\text{a} = 1{,}08\,\text{ha}$;
   $420\,\text{m} = 0{,}42\,\text{km}$

Übung 19

a) Fläche: $16{,}5\,\text{m} \cdot 12\,\text{m} = 198\,\text{m}^2$
   Kostenvoranschlag: $198 \cdot 4\,€ = 792\,€$

b) Der Zaun wird $2 \cdot 16{,}5\,\text{m} + 1 \cdot 12\,\text{m} = 45\,\text{m}$ lang.

Übung 20

Fläche des Grundstücks: $235\,\text{m} \cdot 185\,\text{m} = 43\,475\,\text{m}^2 = 434{,}75\,\text{a}$
Fläche des Grundstücks ohne Wege: $434{,}75\,\text{a} - 98{,}75\,\text{a} = 336\,\text{a}$
Anzahl der Bauplätze: $33\,600\,\text{m}^2 : 840\,\text{m}^2 = 40$
Man erhält 40 Bauplätze.

Übung 21

Fläche des Feldes: $580\,m \cdot 140\,m = 81200\,m^2 = 812\,a$

Bauer Knolle muss $812 \cdot 1{,}8\,kg = 1461{,}6\,kg$ Weizensaat kaufen.

Übung 22

a) Teppichboden ohne Stückeln: 6 m Länge.
   Die Fläche dieses Stücks beträgt: $6\,m \cdot 4\,m = 24\,m^2$.
   Es bleibt ein Stück Abfall übrig mit $6\,m \cdot 0{,}5\,m = 3\,m^2$
   Der Teppichboden kostet $24\,m^2 \cdot 5\,€ = 120\,€$.

b) Zimmerfläche: $3{,}5\,m \cdot 6\,m = 21\,m^2$
   Preis für die reine Zimmerfläche: $21 \cdot 5\,€ = 105\,€$

Übung 23

Ursprüngliches Rechteck mit den Seiten a und b.

$A_{alt} = a \cdot b$; $U_{alt} = 2a + 2b$

a) Der Flächeninhalt verdoppelt sich.
   Seite a wird verdoppelt:
   $A_{neu} = (2a) \cdot b = 2 \cdot a \cdot b = 2 \cdot A_{alt}$
   Der Umfang vergrößert sich um 2 a.
   $U_{neu} = 2 \cdot 2a + 2b = 2a + 2b$
   $= 2a + 2a + 2b = 2a + U_{alt}$

b) Der Flächeninhalt halbiert sich.
   Seite a wird halbiert:
   $A_{neu} = \left(\frac{1}{2}a\right) \cdot b = \frac{1}{2} \cdot a \cdot b = \frac{1}{2} \cdot A_{alt}$
   Der Umfang verkleinert sich um a.
   $U_{neu} = 2 \cdot \left(\frac{1}{2}a\right) + 2b = a + 2b = U_{alt} - a$

c) Der Flächeninhalt vervierfacht sich.
   a und b werden verdoppelt:
   $A_{neu} = 2a \cdot 2b = 4 \cdot a \cdot b = 4 \cdot A_{alt}$
   Der Umfang verdoppelt sich.
   $U_{neu} = 2 \cdot (2a) + 2 \cdot (2b) =$
   $2 \cdot (2a + 2b) = 2 \cdot U_{alt}$

d) Der Flächeninhalt verkleinert sich um den Faktor $\frac{1}{4}$.
   a und b werden halbiert:
   $A_{neu} = \left(\frac{1}{2}a\right) \cdot \left(\frac{1}{2}b\right) = \frac{1}{4}a \cdot b = \frac{1}{4} \cdot A_{alt}$
   Der Umfang halbiert sich.
   $U_{neu} = 2 \cdot \left(\frac{1}{2}a\right) + 2 \cdot \left(\frac{1}{2}b\right)$
   $= a + b = \frac{1}{2} \cdot U_{alt}$

e) Der Flächeninhalt bleibt unverändert.
   a wird verdoppelt, b halbiert:
   $A_{neu} = (2a) \cdot \left(\frac{1}{2}b\right) = a \cdot b = A_{alt}$
   Der Umfang verändert sich um $(2a - b)$.
   $U_{neu} = 2 \cdot (2a) + 2 \cdot \left(\frac{1}{2}b\right) = 2a + 2a + b$
   $= 2a + 2a + 2b - b = 2a - b + U_{alt}$

5./6. KLASSE

7./8. KLASSE

9./10. KLASSE

Übung 24

Fläche des Drachens: $\frac{1}{2} \cdot 70\,\text{cm} \cdot 110\,\text{cm} = 3850\,\text{cm}^2 = 38{,}5\,\text{dm}^2$

Sie brauchen mindestens $38{,}5\,\text{dm}^2$ Transparentpapier.

Übung 25

Fläche des bisherigen Grundstücks (Parallelogramm): $150\,\text{m} \cdot 36\,\text{m} = 5400\,\text{m}^2$.

Die Breite des anderen Grundstücks muss $5400\,\text{m}^2 : 90\,\text{m} = 60\,\text{m}$ breit sein.

Übung 26

Der Flächeninhalt des Dreiecks DEF ist ein Viertel so groß, der Umfang ist halb so groß wie der des ursprünglichen Dreiecks ABC.

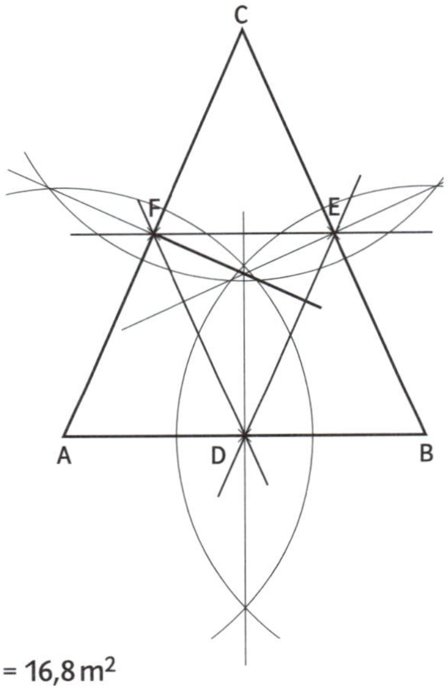

Übung 27

a) Flächeninhalt Parallelogramm: $6\,\text{m} \cdot 2{,}8\,\text{m} = 16{,}8\,\text{m}^2$

Flächeninhalt linkes Dreieck: $\frac{1}{2} \cdot 6\,\text{m} \cdot 2{,}5\,\text{m} = 7{,}5\,\text{m}^2$

Flächeninhalt rechtes Dreieck: $\frac{1}{2} \cdot 6\,\text{m} \cdot 3\,\text{m} = 9\,\text{m}^2$

Die zu bepflanzenden Teilstücke haben einen Flächeninhalt von $7{,}5\,\text{m}^2 + 9\,\text{m}^2 = 16{,}5\,\text{m}^2$.

b) Die Pflastersteine kosten etwa $16{,}8 \cdot 12\,€ = 201{,}6\,€$.

Übung 28

- [X] 60 cm × 30 cm × 20 cm
- [X] 30 cm × 30 cm × 40 cm
- [ ] 30 cm × 15 cm × 20 cm
- [X] 12 cm × 30 cm × 10 cm

Übung 29

a) Fläche der Allianz-Arena: $68\,m \cdot 105\,m = 7140\,m^2$
Auf den Platz fielen $7140 \cdot 40\,l = 285\,600\,l$.

b) Es könnten $285\,600 : 10 = 28\,560$ Eimer gefüllt werden.

c) $285\,600\,l : 7140\,m^2 =$
$285\,600\,dm^3 : 714\,000\,dm^2 =$
$0{,}4\,dm$
Das Wasser stand $\frac{40\,l}{1\,m^2} = \frac{40\,dm^3}{100\,dm^2} = 0{,}4\,dm = 4\,cm$ hoch.

Übung 30

a) Es werden $4000\,m \cdot 60\,m \cdot 0{,}1\,m = 24\,000\,m^3$ Asphalt benötigt.

b) $24\,000 : 7 \approx 3428{,}57$
Es müssen 3429 Lkw-Ladungen transportiert werden.

Übung 31

a) Volumen der Sitzbank: $180\,cm \cdot 60\,cm \cdot 90\,cm = 972\,000\,cm^3$
Die Sitzbank wiegt $972\,kg \cdot 2{,}2\,kg = 2138{,}4\,kg$.

b) Sichtbare Oberfläche:
$2 \cdot 1{,}8\,m \cdot 0{,}7\,m + 2 \cdot 0{,}6\,m \cdot 0{,}7\,m + 1 \cdot 1{,}8\,m \cdot 0{,}6\,m = 4{,}44\,m^2 < 5\,m^2$
Es wird 1 l Farbe benötigt. Die Farbe kostet also 4 €.

Übung 32

a) Es liegt $15\,m \cdot 10\,m \cdot 0{,}3\,m = 45\,m^3$ Schnee auf dem Dach.

b) Der Schnee wiegt mindestens $45 \cdot 30\,kg = 1350\,kg$ und
höchstens $45 \cdot 500\,kg = 22\,500\,kg = 22{,}5\,t$.

c) Es laufen $45\,000\,l : 16 = 2812{,}5\,l$ Schmelzwasser vom Dach.

Übung 33

Oberfläche der Schachtel mit Höhe h, Länge $l = 5h$ und Breite $b = 2h$

$$\begin{aligned} 2 \cdot (l \cdot b + l \cdot h + b \cdot h) &= 2 \cdot (5 \cdot h \cdot 2 \cdot h + 5 \cdot h \cdot h + 2 \cdot h \cdot h) \\ &= 2 \cdot (10 \cdot h^2 + 5 \cdot h^2 + 2 \cdot h^2) \\ &= 2 \cdot 17 \cdot h^2 = 34 \cdot h^2 \end{aligned}$$

Berechnung der Höhe h:
$34 \cdot h^2 = 306\,cm^2$, also $h^2 = 9\,cm^2$, also $h = 3\,cm$

Der Quader ist 3 cm hoch, $2 \cdot 3\,cm = 6\,cm$ breit und $5 \cdot 3\,cm = 15\,cm$ lang.
Sein Volumen beträgt $3\,cm \cdot 6\,cm \cdot 15\,cm = 270\,cm^3$.

Übung 34
Der Eiswürfel taucht $5\,cm \cdot 5\,cm \cdot 5\,cm \cdot 0{,}9 : (5\,cm \cdot 5\,cm) = 4{,}5\,cm$ ins Wasser ein.

Übung 35
a) Der Höhenunterschied beträgt $2285\,m + 420\,m = 2705\,m$.

b) Der Baikalsee ist $1680\,m + 455\,m = 2135\,m$ tief.

c) Die durchschnittliche Jahrestemperatur beträgt
$(-32\,°C - 26\,°C - 15\,°C - 2\,°C + 5\,°C + 14\,°C + 18\,°C + 13\,°C + 6\,°C - 4\,°C - 19\,°C - 30\,°C) : 12$
$= (-72\,°C) : 12 = -6\,°C$.

Übung 36
a) $(-48) \cdot (-5) \cdot (-50) = -12\,000$

b) $(24 + (-72) + 12) \cdot 13 = (-36) \cdot 13 = -468$

c) $((-24) \cdot 60) : (-6) = (-1440) : (-6) = 240$

d) $23 \cdot (-8) + (-2) \cdot 23 = 23 \cdot (-18 - 2) = 23 \cdot (-20) = -460$

Übung 37
a) Kiefer $\frac{18}{45} = \frac{2}{5}$; Birke $\frac{30}{48} = \frac{5}{8}$; Linde $\frac{22}{28} = \frac{11}{14}$;
Ahorn $\frac{18}{20} = \frac{9}{10}$; Lärche $\frac{14}{36} = \frac{7}{18}$;
Weide $\frac{15}{10} = \frac{3}{2}$

b) Lärche < Kiefer < Birke < Linde < Ahorn < Weide

Übung 38
Es müssen noch $200\,ml - 30\,ml - 20\,ml - 50\,ml - 50\,ml - 10\,ml = 40\,ml$ Wasser zugefügt werden.

Übung 39
Hand: 14 cm; Füße: 20 cm;
Gesicht = Kinn bis Scheitel: 17,5 cm;
Ohren = Kinnspitze bis Nase = Haaransatz bis Augenbrauen: ≈ 5,8 cm.

Übung 40
a) In Städten leben $82\text{ Mio} \cdot \frac{4}{5} = 65{,}6\text{ Mio}$ Menschen.

b) In Berlin lebt ein Anteil von $\frac{3{,}4}{82} = \frac{34}{820} = \frac{17}{410}$.

c) In Hamburg leben $65{,}6\text{ Mio} \cdot \frac{21}{1000} = 1{,}3776\text{ Mio}$ Einwohner.

Übung 41

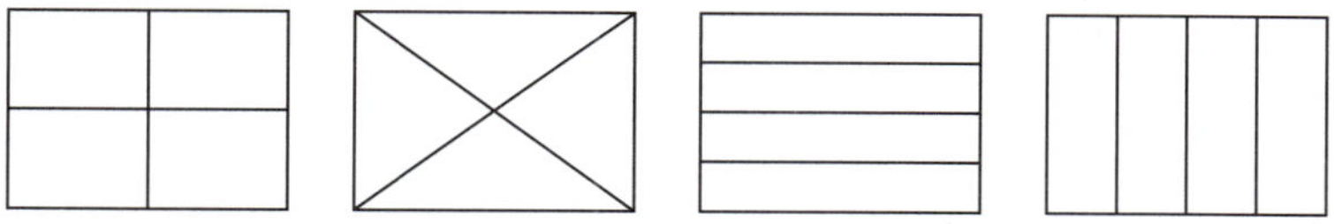

Übung 42

Uli hat nicht Recht, z. B. ist $\frac{1}{2}$ größer als $\frac{1}{10}$.

Übung 43

Die Note 4, 5 oder 6 haben 14 Schüler.

„Zwei Drittel" von 24 Schülern = $\frac{2}{3} \cdot 24$ Schüler = 16 Schüler.

Der Lehrer hat nicht Recht.

Übung 44

Helge hat $\frac{2}{3}+\frac{1}{6}+\frac{1}{8}=\frac{23}{24}$ des Kaufpreises gespart. Nach der Preisreduzierung kostet der MP3-Player nur noch $\frac{24}{25}$ des ursprünglichen Preises.

$\frac{23}{24}=\frac{575}{600}<\frac{576}{600}=\frac{24}{25}$

Helges Geld reicht nicht.

Übung 45

a) $\frac{7}{8}+\frac{15}{4}\cdot\frac{17}{3}=\frac{7}{8}+\frac{85}{4}=\frac{177}{8}$

b) $\left(\frac{2}{5}+\frac{8}{15}\right)\cdot\left(\frac{1}{2}-\frac{1}{7}\right)=\frac{14}{15}\cdot\frac{5}{14}=\frac{1}{3}$

c) $\left(\frac{7}{10}-\frac{1}{5}\right)+\frac{9}{2}\cdot\frac{4}{15}=\frac{5}{10}+\frac{12}{10}=\frac{17}{10}$

d) $\left(\frac{1}{4}+\frac{5}{8}\right)-\frac{9}{20}:\frac{2}{5}=\frac{7}{8}-\frac{9}{20}\cdot\frac{5}{2}=\frac{7}{8}-\frac{9}{8}=-\frac{2}{8}=-\frac{1}{4}$

e) $\frac{5}{8}\cdot\left(\frac{7}{3}-\frac{4}{5}\right)=\frac{5}{8}\cdot\frac{23}{15}=\frac{23}{24}$

Übung 46

Mini bekommt eine Erhöhung von $\frac{5}{20}=\frac{1}{4}$, Max von $\frac{4}{12}=\frac{1}{3}$, d. h. der Anteil der Erhöhung von Max ist größer als der Anteil der Erhöhung von Mini.

5./6. KLASSE
7./8. KLASSE
9./10. KLASSE

Übung 47

Lukas gibt wöchentlich $\left(\frac{1}{5}+\frac{4}{7}\right)\cdot 3{,}50\,€ = \frac{27}{35}\cdot 3{,}50\,€ = 2{,}70\,€$ aus. Er spart pro Woche 0,80 €. Das sind in 4 Wochen 3,20 €; das Geld reicht also aus.

Übung 48

a) Steffi telefoniert 18 min zu $0{,}39\,\frac{€}{\text{min}}$ und 14 min zu $0{,}19\,\frac{€}{\text{min}}$, sie muss dafür 9,68 € zahlen. Anja müsste nur $32\cdot 0{,}09\,€ = 2{,}88\,€$ bezahlen.
Sie würden also 6,80 € sparen, wenn Anja anrufen würde.

b) Steffi kann $10\,€ : 0{,}39\,\frac{€}{\text{min}} \approx 26\,\text{min}$ telefonieren,
Anja sogar $10\,€ : 0{,}09\,\frac{€}{\text{min}} \approx 111\,\text{min}$.

Übung 49

a) Das Straußen-Ei wiegt $\frac{1{,}8}{150} = \frac{18}{1500} = \frac{3}{250}$ des Körpers.

b) Ein Kiwi-Ei wiegt $1{,}7\,\text{kg}\cdot\frac{1}{4} = 0425\,\text{kg} = 425\,\text{g}$.

Übung 50

Die Klasse erhält $100\,\frac{1}{2}\,l : \frac{3}{4}\,l = 134$ Flaschen.

Übung 51

Micha hat noch 3,40 € übrig. Damit könnte er z. B. eine Portion Pommes und eine Cola kaufen und hätte noch 30 ct übrig. Kauft er einen Döner, so kann er nur noch eine Trinktüte kaufen und hat noch 20 ct übrig.
(Es gibt noch andere Auswahlmöglichkeiten.)

Übung 52

$\frac{160\,\text{dm}^3}{8\,\text{dm}\cdot 5\,\text{dm}} = 4\,\text{dm} = 0{,}4\,\text{m}$

Übung 53

a) Baugrube: $4\frac{2}{5}\,\text{m}\cdot 4\,\text{m}\cdot 3\,\text{m} = 52\frac{8}{10}\,\text{m}^3$.
$52{,}8\,\text{m}^3 : 13{,}2\,\text{m}^3 = 4$ Der Lkw muss viermal fahren.

b) $750\,\text{dm}^3 : (15\,\text{dm}\cdot 8\,\text{dm}) = 6{,}25\,\text{dm} = 62{,}5\,\text{cm}$

Übung 54

a) In der Länge 50 Fliesen, in der Breite 22 Fliesen.
Es werden also $50 \cdot 22 = 1100$ Fliesen benötigt.

b) Es werden $12{,}5\,\text{m} \cdot 5{,}5\,\text{m} \cdot 1{,}7\,\text{m} = 116{,}875\,\text{m}^3$ Sand benötigt.

Übung 55

„Es müssen mindestens fünf Murmeln sein."

Übung 56

a) Mit einer Wahrscheinlichkeit von $\frac{8}{24} = \frac{1}{3} = 33\frac{1}{3}\,\% \approx 33{,}3\,\%$ erwischt Marie eine Vollmilchschokolade.

b) Paul zieht mit einer Wahrscheinlichkeit von $\frac{7}{23} + \frac{10}{23} = \frac{17}{23} \approx 74\,\%$ keine Marzipanschokolade.

Übung 57

a) A′(−2 | −4); B′(4 | −1); C′(1 | 2)

b) Die Punkte werden 3 LE nach rechts und 4 LE nach unten verschoben. B′(9 | 2); C′(7 | 5)

Übung 58

a) B′(7 | 7,5); C′(12 | 1)

b) B′(−2 | 3); C′(0 | −5)

Übung 59

a) A′(9 | 10); B′(2 | 9); C′(9 | 6)

b) A′(14 | 5); B′(11 | 6); C′(13 | 2)

c) Z(9 | 5)

Übung 60

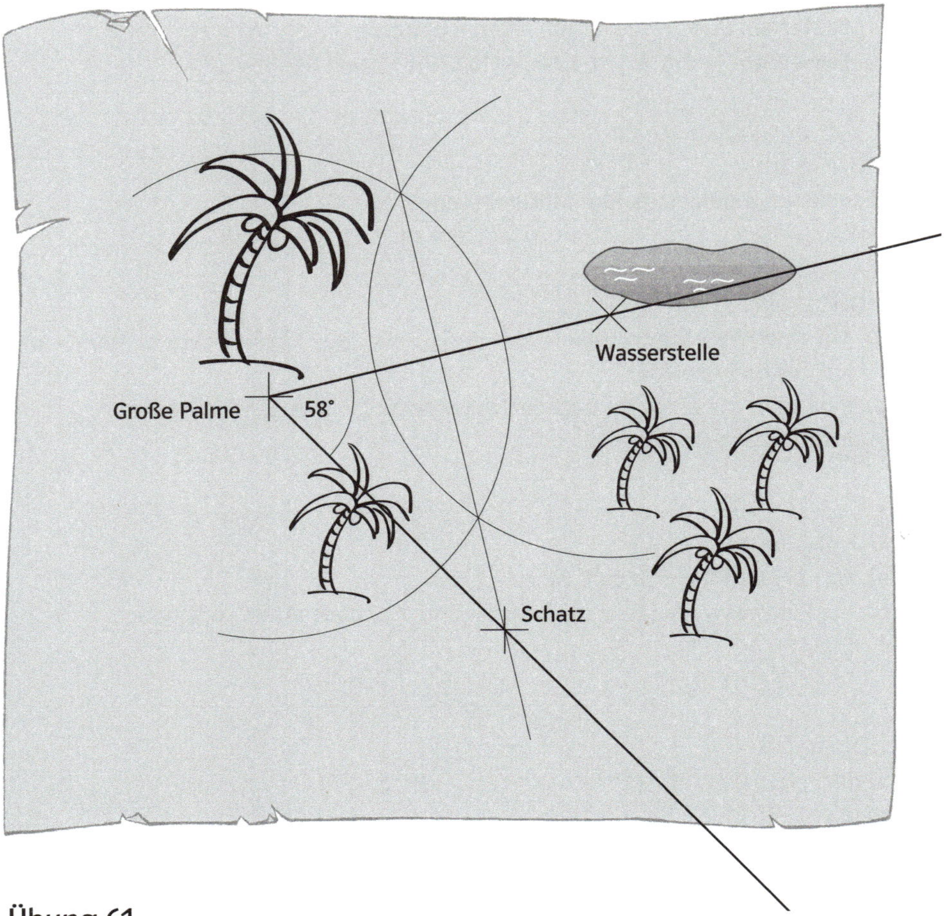

Übung 61

a) Winkel für 1 Stimme: $\frac{1}{30} \cdot 360° = 12°$

Mario:	$18 \cdot 12° = 216°$
Katharina:	$7 \cdot 12° = 84°$
Niklas:	$3 \cdot 12° = 36°$
Kimberley:	$2 \cdot 12° = 24°$

b)

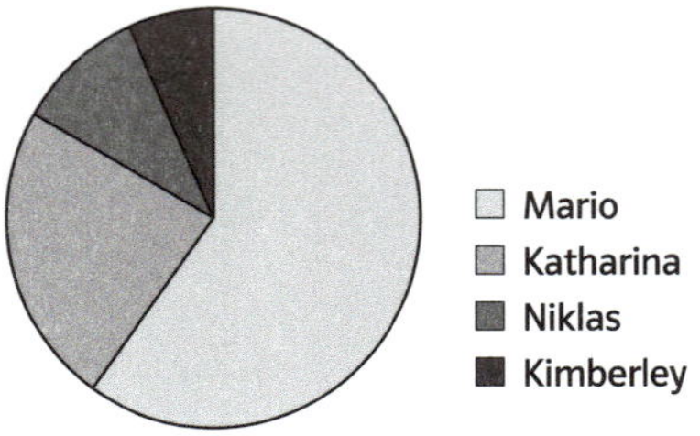

Übung 62

a) $\frac{34{,}10\,l}{550\,km} \cdot 100\,km \approx 6{,}2\,l$

Das Auto verbraucht durchschnittlich 6,2 l auf 100 km.

b) $\frac{100\,km}{6{,}2\,l} \cdot 62\,l = 1000\,km$

Mit 62 l kommt er 1000 km weit.

Übung 63

a) $\frac{4{,}4\,l}{100\,km} \cdot 320\,km = 14{,}08\,l$ Sie verbraucht 14,08 l.

b) $\frac{100\,km}{4{,}4\,l} \cdot 31\,l \approx 704{,}55\,km$ Sie kann etwa 705 km weit fahren.

Übung 64

a) $\frac{447{,}63\,\$}{300\,€} \cdot 410\,€ = 611{,}761\,\$$ Für 410 € bekommt man etwa 611,76 $.

b) $\frac{300\,€}{447{,}63\,\$} \cdot 1500\,\$ = 1005{,}2944\,€$ Für 1500 $ muss man 1005,29 € bezahlen.

Übung 65

Verbrauch pro Kuh pro Tag in kg: $\frac{169 \cdot 24\,kg}{18 \cdot 68}$

Verbrauch von 102 Kühen an 13 Tagen: $\frac{169 \cdot 24\,kg}{18 \cdot 68} \cdot 102 \cdot 13$

Anzahl an Ballen zu 26 kg bei 102 Kühen an 13 Tagen: $\frac{169 \cdot 24\,kg \cdot 102 \cdot 13}{18 \cdot 68 \cdot 26\,kg} = 169$

102 Kühe fressen in 13 Tagen 169 Ballen zu je 26 kg.

Übung 66

1) b): $\frac{7 \cdot 1{,}2\,km + 3 \cdot 0{,}4\,km}{7} \approx 1{,}371\,km$

Moritz schwimmt täglich etwa 1,371 km.

2) a): $7 \cdot 1{,}20\,€ - 2 \cdot 0{,}40\,€ - 1 \cdot 7{,}00\,€ = 0{,}60\,€$

Max hat am Ende der Woche 0,60 € übrig.

3) c): $\frac{1{,}2\,m \cdot 0{,}4\,m \cdot 0{,}8\,m}{7} \approx 0{,}05\,m^3$

Jeder Fisch hat etwa 0,05 m³ Platz.

Übung 67

a) $0{,}75 + 2 \cdot (0{,}25 + 1{,}5) = 4{,}25$

b) $10{,}9 - 0{,}5 : 1{,}25 = 10{,}5$

Übung 68

a) $\left(0{,}75 - \frac{5}{4}\right) \cdot \left(\frac{3}{5} - 2{,}2\right) = \left(\frac{3}{4} - \frac{5}{4}\right) \cdot \left(\frac{6}{10} - \frac{22}{10}\right) = \left(-\frac{2}{4}\right) \cdot \left(-\frac{16}{10}\right) = \frac{4}{5} = 0{,}8$

b) $\left(\frac{4}{3} + \frac{3}{4} - \frac{4}{9}\right) : \frac{1}{4} = \frac{59}{36} \cdot 4 = \frac{59}{9} = 6\frac{5}{9}$

c) $\left(5\frac{1}{4} - \frac{3}{2}\right) \cdot \frac{12}{5} = 3\frac{3}{4} \cdot \frac{12}{5} = \frac{15}{4} \cdot \frac{12}{5} = 9$

Übung 69

a) $393\,\text{cm} : 2 = 196{,}5\,\text{cm}$

b) Allgemein: $(x + y - 13\,\text{cm}) : 2$

Jasmin: $(198\,\text{cm} + 168\,\text{cm} - 13\,\text{cm}) : 2 = 353\,\text{cm} : 2 = 176{,}5\,\text{cm}$

Übung 70

a) Term: $10 + 4 \cdot x$; x steht für die Nummer des Stockwerks.

Für $x = 52$ gilt: $10 + 4 \cdot 52 = 218$. Katina benötigt 218 Klötzchen.

b) Gleichung: $122 = 10 + 4 \cdot x$; $x = 28$.

Der Turm aus 122 Klötzchen hat 28 Stockwerke.

Übung 71

a) $(-14) \cdot (-63) + (-824) = 58$

b) $(-41) \cdot 52 - (-513) = -1619$

c) $(-25) \cdot 13 + (-24) \cdot (-19) = 131$

d) $(-72) \cdot (-36) \cdot (-35 + 29) = -15\,552$

Übung 72

a) $\frac{7}{8} + \frac{15}{4} \cdot \frac{17}{3} = \frac{7}{8} + \frac{85}{4} = \frac{177}{8} = 22\frac{1}{8}$

b) $\left(\frac{2}{5} + \frac{8}{15}\right) \cdot \left(\frac{1}{7} - \frac{1}{2}\right) = \left(\frac{6}{15} + \frac{8}{15}\right) \cdot \left(-\frac{5}{14}\right) = \frac{14}{15} \cdot \left(-\frac{5}{14}\right) = -\frac{1}{3}$

c) $1{,}2 \cdot 1{,}4 - 6{,}4 \cdot 1{,}2 = 1{,}2 \cdot (1{,}4 - 6{,}4) = 1{,}2 \cdot (-5) = -6$

d) $\left(\frac{1}{200} - \frac{3}{200}\right) \cdot (-200) = -\frac{2}{200} \cdot (-200) = 2$

5./6. KLASSE
7./8. KLASSE
9./10. KLASSE

Übung 73

Arbeitseinsatz bei 50 Schülern: $2\,h \cdot 50 = 100\,h$

Arbeitseinsatz bei 40 Schülern: $\frac{100\,h}{40} = 2{,}5\,h$

Die Schüler mussten 2,5 Stunden arbeiten.

Übung 74

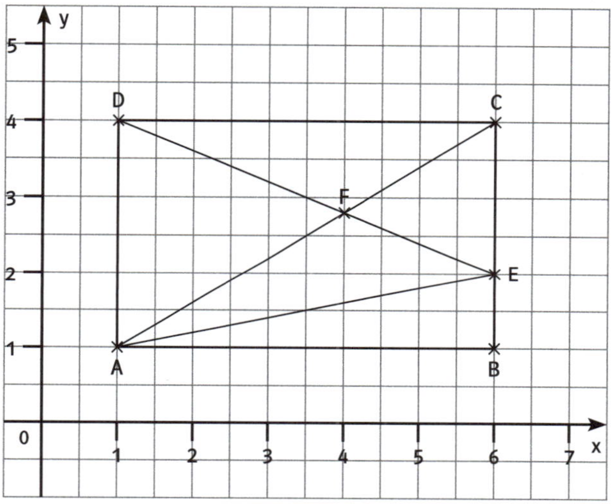

∢ ADE ≈ 69°; ∢ EAC ≈ 20°; ∢ AEB ≈ 79°; ∢ EFA ≈ 127°

Übung 75

Clara und Valerie: $\frac{3}{5} + \frac{3}{10} = \frac{9}{10}$

Für Tom bleibt $\frac{1}{10}$ der Gesamtmenge, und zwar 9 Gummibärchen, d.h. die Gesamtmenge beträgt 90 Gummibärchen. Clara hat 54 Gummibärchen und Valerie 27.

Übung 76

In der ersten Lostrommel sind $\frac{6}{24} = \frac{1}{4}$ Hauptgewinne, in der zweiten sind $\frac{5}{20} = \frac{1}{4}$. Es ist also egal, in welche Lostrommel man greift; die Wahrscheinlichkeit, einen Hauptgewinn zu ziehen, ist gleich groß.

Übung 77

a) $\frac{232\,m \cdot 232\,m}{100\,m \cdot 75\,m} \approx 7{,}2$

   Richtige Antwort: 7

b) Eine Seite hat eine Fläche von $232\,m \cdot 187\,m : 2 = 21\,692\,m^2$.
   Die gesamte Oberfläche besteht aus $4 \cdot 21\,692\,m^2 = 86\,768\,m^2$ Kalkstein.

Übung 78

Steffen hätte das Distributivgesetz (Verteilungsgesetz) anwenden können. Dann würde seine Rechnung lauten:

$326 \cdot 42 + 53 \cdot 326 = 326 \cdot (42 + 53) = 326 \cdot 95 = 30\,970$

Übung 79

a) wahr
b) falsch
c) wahr

Übung 80

a) Das Klassenzimmer hat ein Volumen von $8{,}8\,\text{m} \cdot 7{,}4\,\text{m} \cdot 3\,\text{m} = 195{,}36\,\text{m}^3$

b) *Möglichkeit 1:*

Zu tapezierende Fläche:

$8{,}8\,\text{m} \cdot 3\,\text{m} + 2 \cdot 7{,}4\,\text{m} \cdot 3\,\text{m} - 2{,}20\,\text{m} \cdot 1\,\text{m} = 26{,}4\,\text{m}^2 + 44{,}4\,\text{m}^2 - 2{,}2\,\text{m}^2 = 68{,}6\,\text{m}^2$

Fläche einer Tapetenrolle: $0{,}4\,\text{m} \cdot 12\,\text{m} = 4{,}8\,\text{m}^2$

Anzahl der Rollen: $\frac{68{,}6\,\text{m}^2}{4{,}8\,\text{m}^2} \approx 14{,}3$

Man braucht etwa 15 Tapetenrollen.

Möglichkeit 2:

Gesamtbreite: $8{,}8\,\text{m} + 2 \cdot 7{,}4\,\text{m} = 23{,}6\,\text{m}$

Jede Tapetenrolle reicht in der Länge für $0{,}4\,\text{m} \cdot \frac{12\,\text{m}}{3\,\text{m}} = 0{,}4\,\text{m} \cdot 4 = 1{,}6\,\text{m}$ Breite.

Also braucht man $23{,}6\,\text{m} : 1{,}6\,\text{m} = 14{,}75 \approx 15$ Rollen.

Die Tür kann dabei vernachlässigt werden.

Übung 81

a) $510\,000\,000\,\text{km}^2 \cdot \frac{29}{100} = 147\,900\,000\,\text{km}^2$

Die Landfläche der Erde ist $147\,900\,000\,\text{km}^2$ groß;
die Wasserfläche ist $362\,100\,000\,\text{km}^2$ groß.

b) Berechnung mithilfe der Formel $W = \frac{p \cdot G}{100}$ mit $G = 147\,900\,000\,\text{km}^2$.

Kontinent	Fläche in %	Fläche in km²
Asien	30	44 370 000
Amerika	28	41 412 000
Afrika	20	29 580 000
Europa	7	10 353 000
Australien	6	8 874 000
Polargebiete	9	13 311 000

c) Berechnung wie in b) mit $G = 362\,100\,000\,\text{km}^2$.

Ozean	Fläche in %	Fläche in km^2
Pazifischer Ozean	47	170 187 000
Atlantischer Ozean	24	86 904 000
Indischer Ozean	20	72 420 000
Südlicher Ozean	5	18 105 000
Arktischer Ozean	4	14 484 000

d) Verteilung der Landfläche

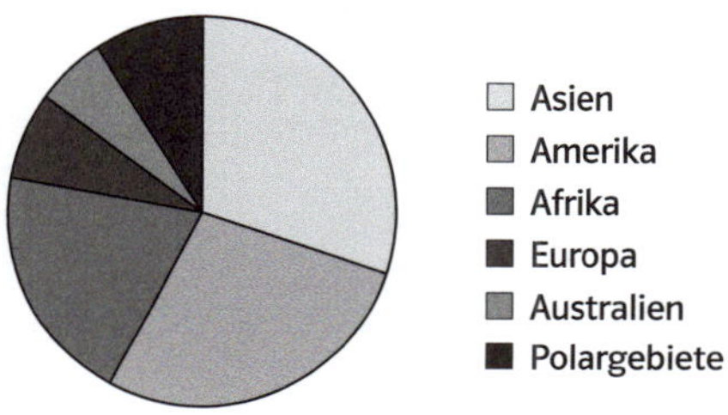

Verteilung der Wasserfläche

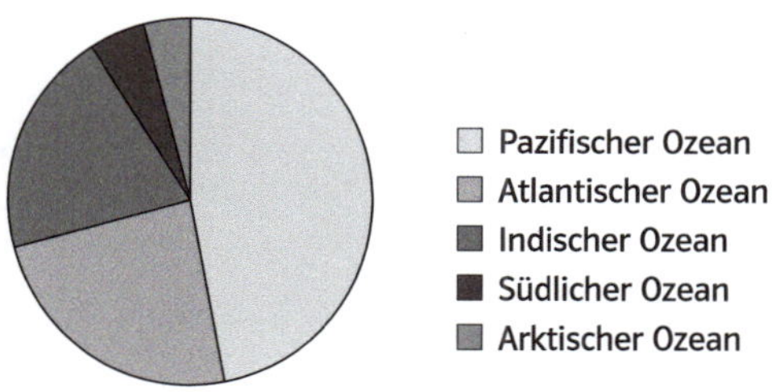

Übung 82

a) richtig

$0{,}83\,\% \cdot 6{,}42\text{ Mrd. km}^2 = 0{,}509786\text{ Mrd. km}^2 \approx 510\text{ Mio. km}^2$

b) falsch

$14{,}1\,\% \cdot 71{,}76\text{ Mio. km}^2 = 10{,}11816\text{ Mio. km}^2 \neq 510\text{ Mio. km}^2$

c) richtig

$800\,\% \cdot 7{,}62\text{ Mrd. km}^2 = 60{,}96\text{ Mrd. km}^2 < 61{,}42\text{ Mrd. km}^2$

d) richtig

$0{,}5\,\% \cdot 120\text{ Mrd. km}^2 = 0{,}6\text{ Mrd. km}^2 > 510\text{ Mio. km}^2$

e) falsch

$1{,}7\,\% \cdot 42{,}61\text{ Mrd. km}^2 = 72{,}437\text{ Mrd. km}^2 \neq 71{,}76\text{ Mio. km}^2$

Übung 83

Fettgehalt des Essens in g:

$211 \cdot \frac{12}{100} + 152 \cdot \frac{16}{100} + 20 \cdot \frac{81}{100} + 30 \cdot \frac{50}{100} + 400 \cdot \frac{3}{100} =$

$25{,}32 + 24{,}32 + 16{,}2 + 15 + 12 =$

$92{,}84$

Herr Lorch hat damit $\frac{92{,}84}{80} \cdot 100 = 116{,}05\,\%$ seines täglichen Fettbedarfs verbraucht.

Übung 84

a) Wie hoch das Vermögen ist, kann man nicht genau sagen. Bei einem Zinssatz von 5 % würde das Vermögen etwa 110 Millionen Euro betragen.
Preisgeld insgesamt:
$5 \cdot 1{,}1$ Mio. € = 5,5 Mio. €
Grundwert bei angenommenem Zinssatz von 5 %:

$G = \frac{5{,}5\text{ Mio. €}}{5} \cdot 100$

$= 110\text{ Mio. €}$

b) Der Wert ist um fast 20 % gestiegen:
Anstieg von 0,92 Mio. € (1999) auf 1,1 Mio. € (2001).

$p = \frac{1{,}1\text{ Mio. €}}{0{,}92\text{ Mio. €}} \cdot 100$

$= 119{,}56521\,\%$

$\approx 120\,\%.$

Übung 85

a) $67{,}15\,€ \cdot \frac{100}{85} = 79{,}00\,€.$
Die Jeans kostete 79 €.

b) Computerspiel:
$\frac{6}{45} = \frac{2}{15} = \frac{16}{120}$
DVD:
$\frac{25}{200} = \frac{1}{8} = \frac{15}{120}$
Der Preisnachlass beim Computerspiel ist höher als der bei der DVD.

Übung 86

a) Volumen der Kupferstange:

$0{,}5\,\text{cm} \cdot 0{,}5\,\text{cm} \cdot 200\ \text{cm} = 50\,\text{cm}^3$

Gewicht der Kupferstange:

$50\,\text{cm}^3 \cdot 8{,}96\,\frac{\text{g}}{\text{cm}^3} = 448\,\text{g}$

Die Kupferstange wiegt 448 g.

b) Gewicht der Zinkstange bei gleichem Volumen:

$50\,\text{cm}^3 \cdot 7{,}14\,\frac{\text{g}}{\text{cm}^3} = 357\,\text{g}$

Gewichtsunterschied:

$448\,\text{g} - 357\,\text{g} = 91\,\text{g}$

Anteile des Gewichtsunterschieds am Gewicht der Kupferstange:

$\frac{91\,\text{g}}{448\,\text{g}} = 0{,}203125 \approx 20\,\%$

Die Zinkstange ist um 20 % leichter als die Kupferstange.

Anmerkung: Den Anteil des Gewichtsunterschieds kann man direkt berechnen in Bezug auf Körper mit $1\,\text{cm}^3$ Volumen:

Gewichtsunterschied: $8{,}96\,\text{g} - 7{,}14\,\text{g} = 1{,}82\,\text{g}$

Anteil: $\frac{1{,}82\,\text{g}}{8{,}96\,\text{g}} = 0{,}203125 \approx 20\,\%$

Übung 87

a)

Anzahl an Tagen	1	5	6	7
Geld pro Tag	4125,00 €	825,00 €	687,50 €	589,29 €

Sei x die Anzahl der Tage.
Term zur Berechnung der täglichen Ausgaben: $y = \frac{4125\,€}{x}$

b)

Anzahl an Tagen	1	5	6	7
Ausgaben	924,00 €	4620,00 €	5544,00 €	6468,00 €

x = Anzahl der Tage
Gesamtkosten: $924{,}00\,€ \cdot x$

Übung 88

a) Pro Person:
   28,80 € : 18 = 1,60 €
   Anzahl der Schüler:
   18 + 33 = 51
   Kosten insgesamt:
   51 · 1,60 € = 81,60 €

b) K = 1,60 · x; x = Anzahl der Schüler

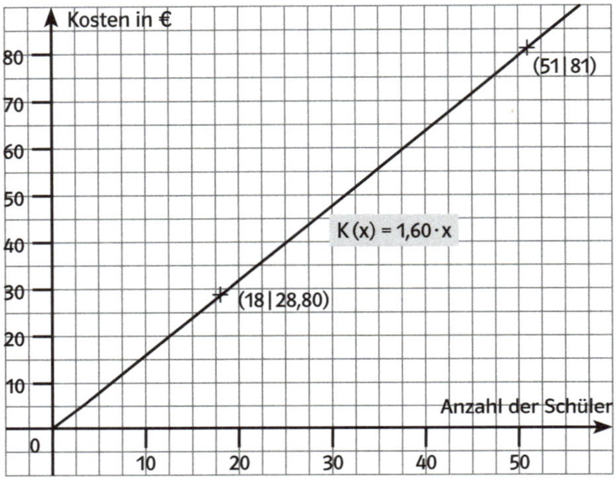

c) 75,20 € : 1,60 € = 47

Übung 89

a) Preis für 2 Getränke:
   18,50 € − 13,50 € = 5,00 €
   1 Getränk kostet 2,50 €.
   Eintrittspreis:
   18,50 € − 5 · 2,50 € = 6,00 €
   Der Eintritt pro Person kostet 6,00 €.

b) 25,00 € − 6,00 € = 19,00 €
   19,00 € : 2,50 € = 7 Rest 1,50 €
   Vladimir kann 7 Getränke kaufen und hat 1,50 € übrig.

c) f(x) = 2,50 x + 36
   f(17) = 78,50
   Die Gruppe bezahlt 78,50 €.

Übung 90

a) $m = \frac{1450-1200}{10-15} = -50$

$f(x) = -50x + c$

$f(10) = -50 \cdot 10 + c = 1450$

$c = 1950$

$f(x) = -50x + 1950$

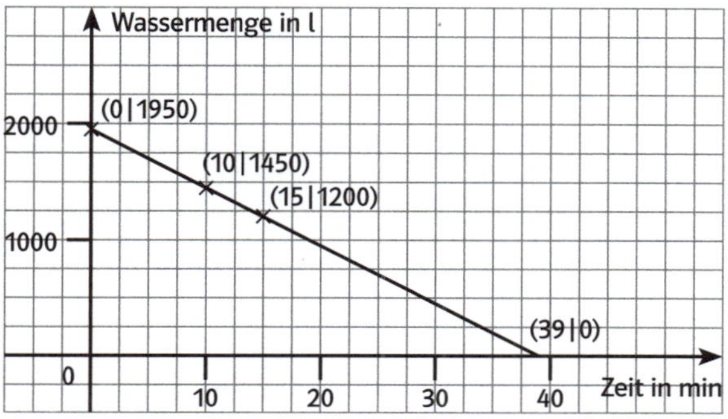

b) $f(30) = 450$

Nach 30 min sind noch 450 l in der Tonne.

c) $f(x) = 0$ für $x = 39$.

Nach 39 min ist die Tonne leer.

Übung 91

a) täglich: $f_t(x) = -\frac{12}{70}x + 12$

wöchentlich: $f_w(x) = -\frac{12}{10} + 12$

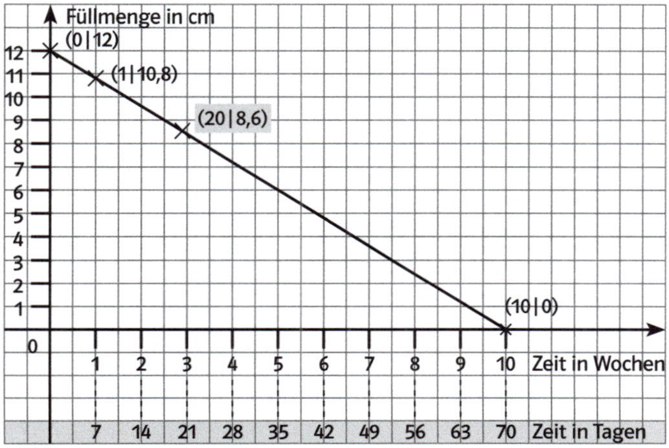

b) $f_w(1) = 12 - \frac{12}{10} = 10\frac{8}{10}$

Nach einer Woche reicht die Tinte noch für 10,8 cm.

$f_t(20) = 12 - \frac{12}{70} \cdot 20 = 8\frac{4}{7}$

Nach 20 Tagen ist noch Tinte für etwa 8,6 cm vorhanden.

Übung 92

a) Bestimmung der Funktionsgleichung mit (3 | 20) und (6 | 40)

Überprüfung durch Einsetzen von $\left(8 \middle| 53\frac{1}{3}\right)$ bzw. (9 | 6) ergibt:

$f(x) = \frac{20}{3}x$

b) $f(14) = \frac{20}{3} \cdot 14$

$= 93\frac{1}{3}$

Die Schlange ist rund 93 cm lang.

c) $130 = \frac{20}{3} \cdot x$,

also $x = 19\frac{1}{2}$.

Der Schwanz der Schlange ist 19,5 cm lang.

Übung 93

a) Bestimmung von $f_F(x)$ mithilfe von (−50 | −58) und (30 | 86) ergibt:

$f_F(x) = \frac{9}{5} \cdot x + 32$

b) $f_F(0) = 32$,

d.h. 0 °C ≈ 32 °F

c) $\frac{9}{5}x + 32 = 100$,

also $x = 37\frac{7}{9}$,

d.h. 100 °F ≈ 37,7 °C

Übung 94

a) Die Heizung verbraucht jährlich $3500 \cdot 2{,}5\,\text{kg} = 8750\,\text{kg}$ Holzpellets.

b) Kosten der Ölheizung für x Jahre:

$y = 6000 + 3500 \cdot 0{,}58 \cdot x$

Kosten der Holzpelletheizung für x Jahre:

$y = 11\,000 + 8750 \cdot 0{,}18 \cdot x$

Schnittpunkt der beiden Geraden ergibt:

$x = \frac{5000}{455} = 10{,}989$

Nach rund 11 Jahren lohnt sich der Einbau der Holzpelletheizung.

Übung 95

a)

	Monatliche Surfzeit in min	Kosten in €
$f_A(x)$	$0 \leqq x \leqq 60$	5
	$x \geqq 60$	$5 + 0{,}05 \cdot (x - 60)$
$f_B(x)$	$0 \leqq x \leqq 120$	9,95
	$x \geqq 120$	$9{,}95 + 0{,}03 \cdot (x - 120)$
$f_C(x)$	x beliebig	29,95

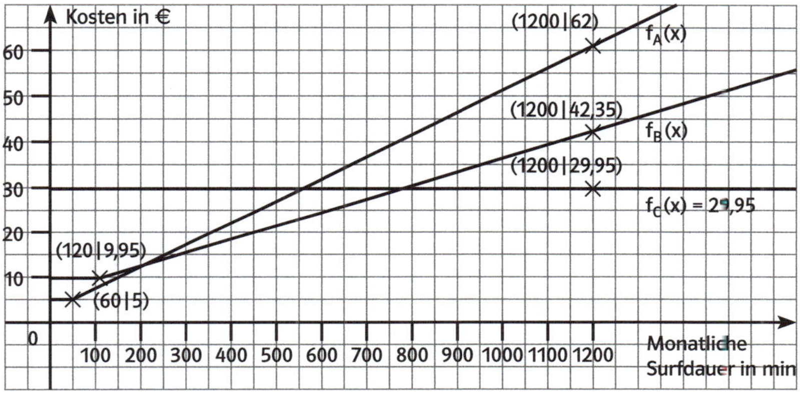

b) Kosten in € für monatlich 20 h = 1200 min:

$f_A(1200) = 62{,}00$

$f_B(1200) = 42{,}35$

$f_C(1200) = 29{,}95$

Für Martins Bedürfnisse hat Anbieter C das günstigste Angebot.

Übung 96

a) $2x + (2x + 2) + (2x + 4) = 240 \quad \Rightarrow \quad 6x = 240 - 6;$ also $x = 39$

Die drei gesuchten Zahlen sind 78, 80, 82.

b) $\frac{x}{7} = \frac{x}{8} + 2.$ $x = 112.$ Die gesuchte Zahl ist 112.

c) $3{,}28x + 2{,}48 \cdot (3 - x) = 2{,}8 \cdot 3$

$$3{,}28x - 2{,}48x = 8{,}4 - 7{,}44$$
$$0{,}8x = 0{,}96$$
$$x = 1{,}2$$

Die Teemischung besteht aus 120 g der ersten Teesorte und 180 g der zweiten Teesorte; also 40 % erste Teesorte, 60 % zweite Teesorte.

Übung 97

$\frac{x+7}{5} = (x - 7) \cdot 3 \quad \Rightarrow \quad x = 8$

Die Zahl ist 8.

5./6. KLASSE

7./8. KLASSE

9./10. KLASSE

Übung 98

Fahrtzeit des ersten Zuges in min: x

Fahrtzeit des ersten Zuges in min: $x-80$

Zurückgelegte Strecke: $36 \cdot x = 54 \cdot (x-80)$

$x = 240$

Die Fahrzeit des ersten Zuges beträgt 240 min = 4 h.

Die Züge treffen sich um 11.40 Uhr.

Übung 99

x = Anzahl der Taschen von Jenny; y = Anzahl der Taschen von Julia

I: $y-1 = x+1$

II: $2 \cdot (x-1) = y+1$

Die Lösung des Gleichungssystems ergibt: $x = 5$ und $y = 7$.

Jenny trägt 5 Taschen, Julia trägt 7 Taschen.

Übung 100

a) x ist die erste Zahl, y die zweite Zahl.

I: $x+y = 45$

II: $x+9 = y$ Lösung: $x = 18$; $y = 27$

b) I: $x+y = 50$

II: $x-5 = 3(y-5)$ Lösung: $x = 35$; $y = 15$

Frau Herzog ist heute 35 Jahre alt, ihre Tochter ist 15 Jahre alt.

c) I: $1x+0{,}5y = 20$

II: $x = y+5$ Lösung: $x = 15$; $y = 10$

Philipp hat $15 \cdot 1$€ und $10 \cdot 50$ ct.

Übung 101

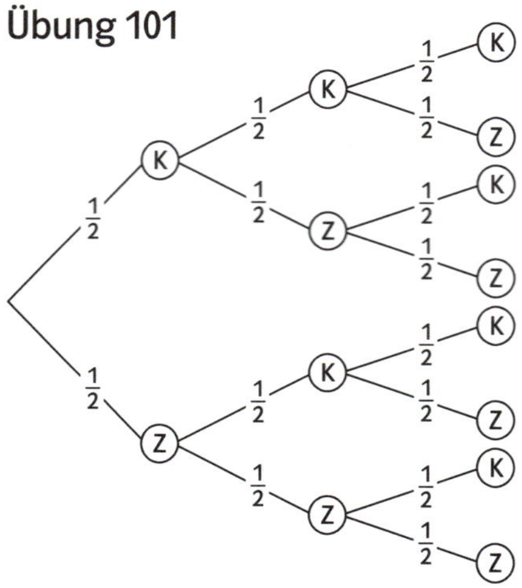

Jedes Ergebnis hat die Wahrscheinlichkeit $\frac{1}{2} \cdot \frac{1}{2} \cdot \frac{1}{2} = \frac{1}{8}$.

Günstige Ergebnisse sind (K, K, K), (K, K, Z), (Z, K, K) und (Z, Z, Z).

Dirk gewinnt mit einer Wahrscheinlichkeit von $4 \cdot \frac{1}{8} = 50\,\%$.

Übung 102

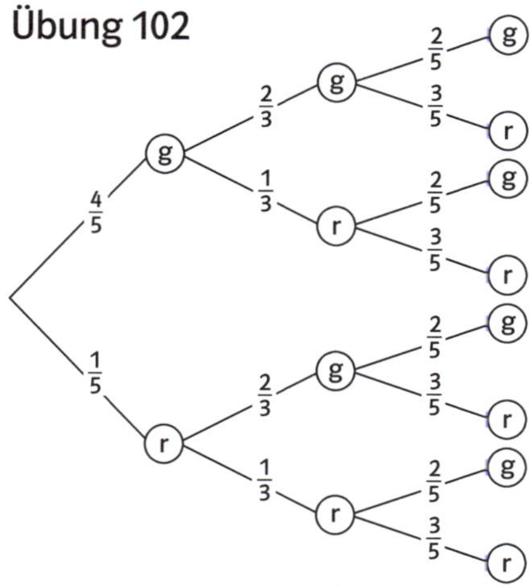

a) P(„dreimal rot") $= \frac{1}{5} \cdot \frac{1}{3} \cdot \frac{3}{5} = \frac{3}{75} = 0{,}04 = 4\,\%$

b) P(„dreimal grün") $= \frac{4}{5} \cdot \frac{2}{3} \cdot \frac{2}{5} = \frac{16}{75} = 0{,}21\overline{3} = 21{,}\overline{3}\,\%$

c) P(„rot, grün, grün") $= \frac{1}{5} \cdot \frac{2}{3} \cdot \frac{2}{5} = \frac{4}{75} = 0{,}05\overline{3} = 5{,}\overline{3}\,\%$

d) P(„an drei Tagen nur grün") $= \left(\frac{16}{75}\right)^3 \approx 0{,}0098 = 0{,}98\,\%$

Übung 103

a) $\frac{3}{10} \cdot \frac{1}{10} \cdot \frac{4}{10} = \frac{12}{1000} = 1{,}2\,\%$

b) P(„TTT oder NNN") $= \left(\frac{3}{10}\right)^3 + \left(\frac{4}{10}\right)^3 = \frac{91}{1000} = 9{,}1\,\%$

Übung 104

Die Gewinnchancen sind unterschiedlich.

Tills Gewinnchancen sind:

{(1 | 1), (1 | 2), (1 | 3), (1 | 4), (1 | 5), (2 | 1), (2 | 2), (2 | 3), (2 | 4), (3 | 1), (3 | 2), (3 | 3), (4 | 1), (4 | 2), (5 | 1)},

also P(„Till gewinnt") $= \frac{15}{36}$.

Steffis Gewinnchancen sind:

{(1 | 6), (2 | 6), (3 | 6), (4 | 6), (5 | 6), (6 | 1), (6 | 2), (6 | 3), (6 | 4), (6 | 5)},

also P(„Steffi gewinnt") $= \frac{11}{36}$ Wahrscheinlichkeit.

Christians Gewinnchancen sind:

P(„Christian gewinnt") $= 1 - \frac{15}{36} - \frac{10}{36} = \frac{11}{36}$.

5./6. KLASSE
7./8. KLASSE
9./10. KLASSE

Übung 105

a) P(„schwarz, rot, gelb“) $= \frac{2}{10} \cdot \frac{5}{10} \cdot \frac{3}{10} = \frac{3}{100} = 3\,\%$

b) P(„schwarz, rot, gelb, Reihenfolge egal“)
= P(„srg oder sgr oder rgs oder rsg oder gsr oder grs“) $= 6 \cdot 3\,\% = 18\,\%$

Übung 106

P_1 = P(„eine gelbe, eine schwarze“) $= \frac{3}{10} \cdot \frac{2}{9} + \frac{2}{10} \cdot \frac{3}{9} = \frac{2}{15}$

P_2 = P(„zwei weiße“) $= \frac{5}{10} \cdot \frac{4}{9} = \frac{2}{9}$

P_3 = P(„zwei gelbe“) $= \frac{3}{10} \cdot \frac{2}{9} = \frac{1}{15}$

P(„Gewinn“) $= P_1 + P_2 + P_3 = \frac{2}{15} + \frac{2}{9} + \frac{1}{15} = \frac{19}{45} \approx 42{,}22\,\%$

Übung 107

a) P(„viermal A“) $= \frac{1}{2} \cdot \frac{1}{2} \cdot \frac{1}{2} \cdot \frac{1}{2} = \frac{1}{16}$

b) P („ANNA“) $= \frac{1}{2} \cdot \frac{1}{2} \cdot \frac{1}{2} \cdot \frac{1}{2} = \frac{1}{16}$

Übung 108

P(„ANNA“) $= \frac{1}{2} \cdot \frac{2}{3} \cdot \frac{1}{2} \cdot 1 = \frac{1}{6}$

Übung 109

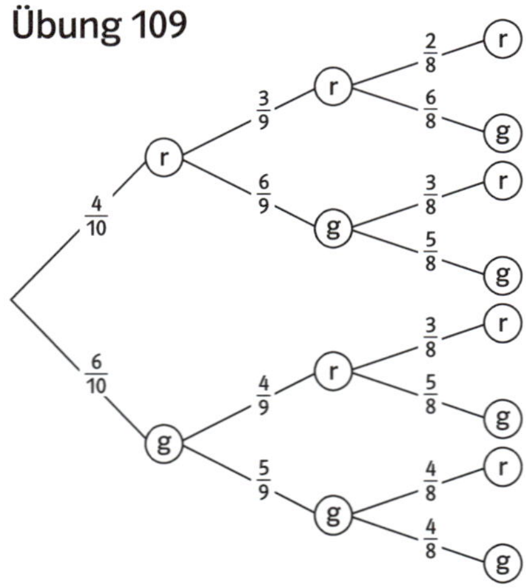

Günstige Ereignisse sind „rrr“, „rrg“, „rgr“ und „grr“.

$P_1 = P(rrr) = \frac{4}{10} \cdot \frac{3}{9} \cdot \frac{2}{8} = \frac{1}{30}$

$P_2 = P(rrg) = \frac{4}{10} \cdot \frac{3}{9} \cdot \frac{6}{8} = \frac{1}{10}$

$P_3 = P(rgr) = \frac{4}{10} \cdot \frac{6}{9} \cdot \frac{3}{8} = \frac{1}{10}$

$P_4 = P(grr) = \frac{6}{10} \cdot \frac{4}{9} \cdot \frac{3}{8} = \frac{1}{10}$

P(„Gewinn“) $= P_1 + P_2 + P_3 + P_4 = \frac{1}{30} + \frac{3}{10} = \frac{1}{3} \approx 33{,}33\,\%$

Übung 110

a) Der beste Platz für den Wasserturm ist der Schnittpunkt der Mittelsenkrechten von Ahausen, Bedorf und Cestadt.

b) Die kürzeste Strecke vom Turm zur Straße bestimmt man, indem man auf der Straßengerade das Lot durch den Turmpunkt errichtet.

Übung 111

$\overline{AD} = \frac{1}{2} \cdot AB = 4{,}5\,\text{cm}$

$\overline{CE} = \frac{1}{3} \cdot BC = 2{,}4\,\text{cm}$

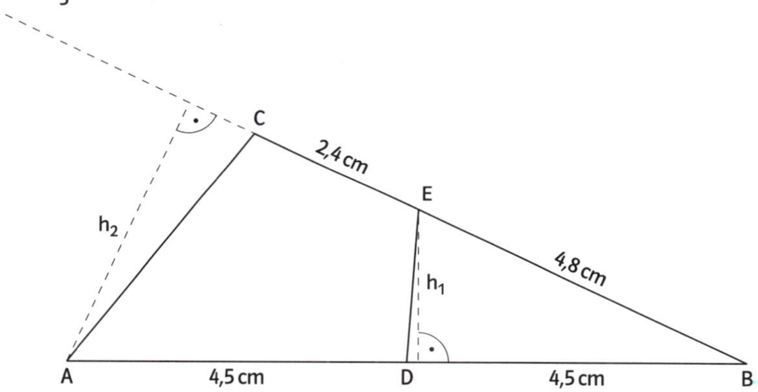

1. Die Dreiecke ADE und DBE sind flächengleich, da sie eine gleich lange Grundseite und gleiche Höhe h_1 haben. $A_{ADE} = A_{DBE}$.
2. Das Dreieck ABE ist doppelt so groß wie das Dreieck AEC, da die Grundseite $\overline{EB}$ doppelt so groß ist wie die Grundseite $\overline{EC}$ und die Höhe h_2 zu $\overline{EB}$ bzw. $\overline{EC}$ gleich groß ist. $A_{ABE} = 2 \cdot A_{AEC}$.
3. Die drei Dreiecke AEC, ADE und DBE sind flächengleich, da $A_{AEC} = \frac{1}{2} \cdot A_{ABE} = \frac{1}{2} \cdot (2 \cdot A_{ADE}) = A_{ADE}$.

Übung 112

Maßstab: 1 cm : 100 m = 1 : 10 000

a)

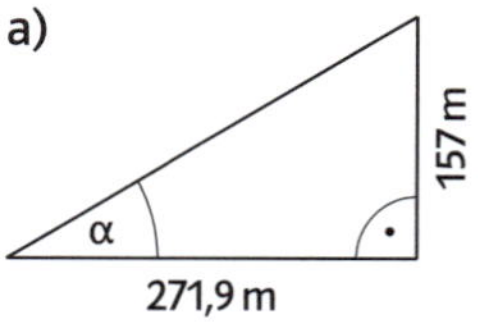

$\alpha \approx 30°$

b)

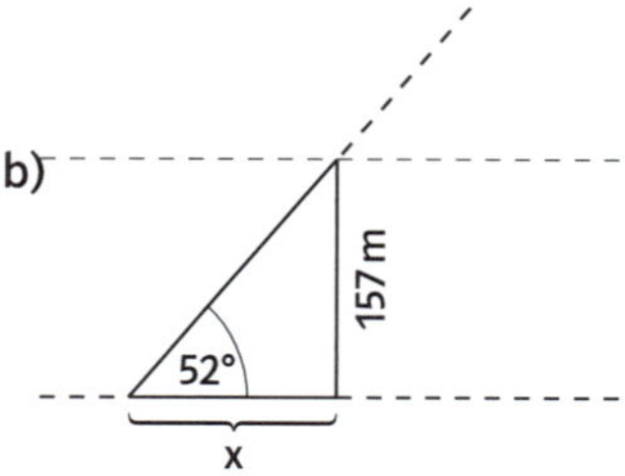

$x \approx 140\,\text{m}$

Übung 113

Gesamtlänge der Halle: 15 m
Länge des einzelnen Satteldachs: $\frac{15\,\text{m}}{3} = 5\,\text{m}$
Maßstab: 1 : 10 000

Dach mit minimaler Höhe

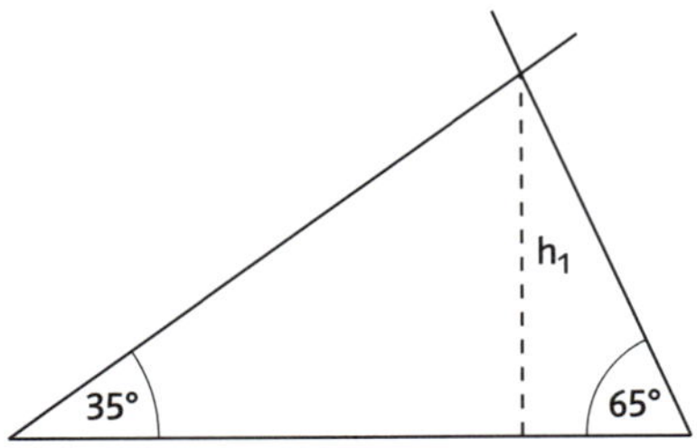

Dach mit maximaler Höhe

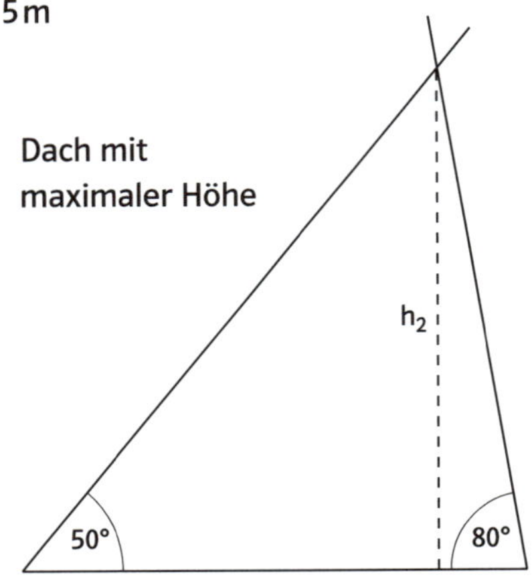

$h_1 = 2{,}7\,\text{m}$

$h_2 = 4{,}9\,\text{m}$

Das Dach wird zwischen 2,7 m und 4,9 m hoch.

Übung 114

Maßstab: 1 cm ≈ 20 m = 1 : 2000

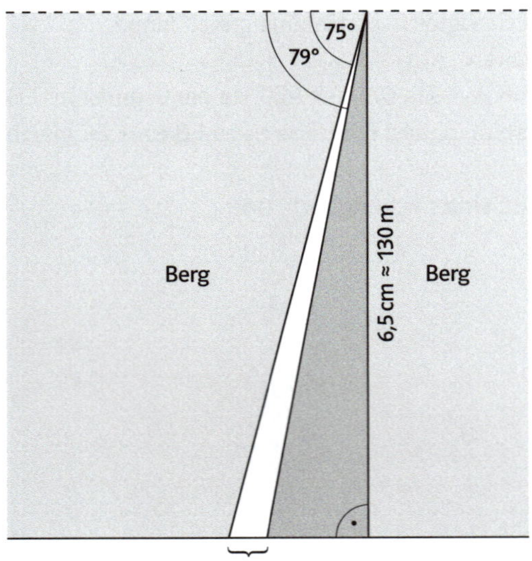

x = 0,5 cm ≈ 10 m
Die Breite der Talenge beträgt ca. 10 m.

Übung 115

a) Gesucht sind Höhe und Flächeninhalt eines gleichseitigen Dreiecks mit Seitenlänge 5 cm.
$h_D \approx 4{,}3\,\text{cm}$
$A \approx \frac{1}{2} \cdot 5\,\text{cm} \cdot 4{,}3\,\text{cm} = 10{,}75\,\text{cm}^2$

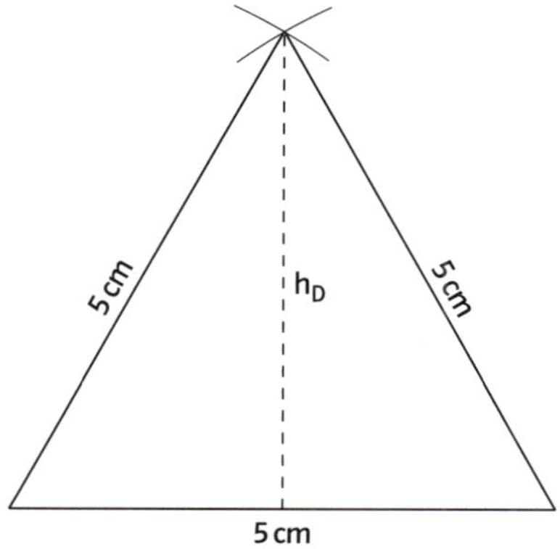

b) Zur Berechnung der Höhe des Tetraeders verwendet man ein Hilfsdreieck, dessen eine Seite 5 cm lang ist; die beiden anderen Seiten sind $h_D = 4{,}3\,\text{cm}$ lang.

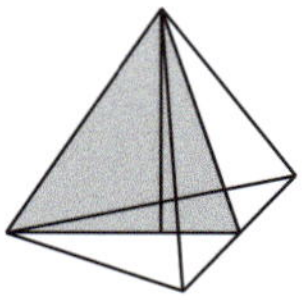

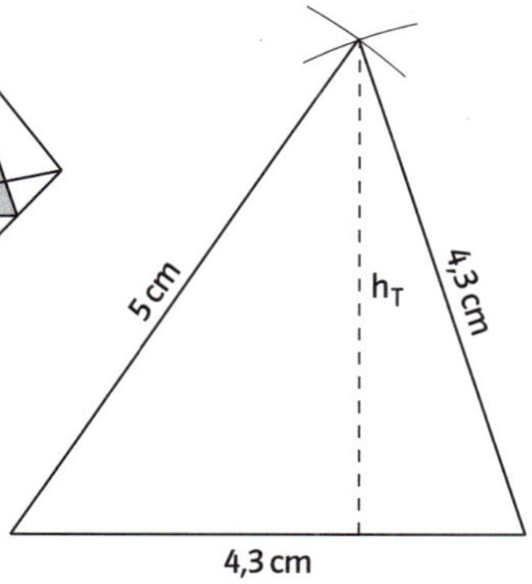

$h_T \approx 4{,}1\,\text{cm}$

Übung 116

a) $f(x) = -0{,}001322314\,x^2 + 100$
b) $f(x) = -0{,}001322314\,x^2$
c) $f(x) = -0{,}001322314 \cdot (x \pm 275)^2 + 100$

Übung 117

a)

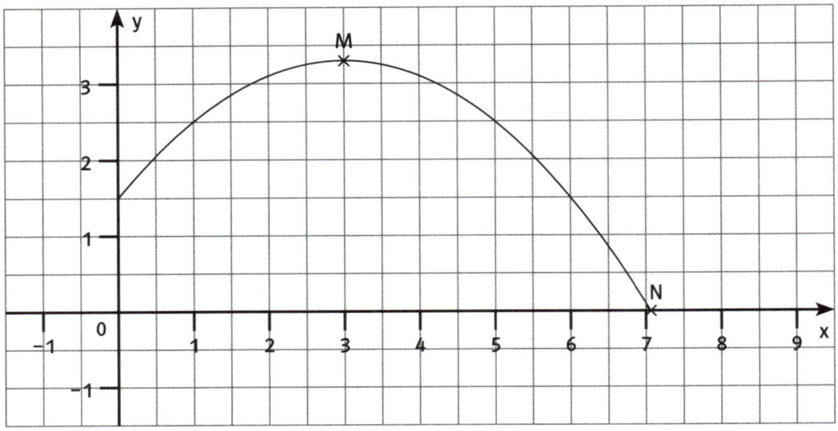

b) Maximum (M) mit GTR bestimmen: Der Wasserbogen ist 3,30 m hoch.

c) Rechte Nullstelle (N) mit GTR bestimmen: Der Wasserbogen trifft nach ca. 7 m auf den Boden.

Übung 118

a) Parabel zeichnen. Der Parabelflug beginnt in 5181,6 m Höhe im Punkt (0 | 5181,6). Gerade $y = 5181{,}6$ einzeichnen und Schnittpunkt mit Parabel bestimmen; dies ergibt den Punkt (20 | 5121,6). Der Flug dauert 20 s.

b) Das Maximum der Parabel liegt bei $x = 10$, $f(10) = 8181{,}6$.
Der höchste Punkt ist bei 8181,6 m.

Übung 119

a) Löse mit GTR:

$$\left.\begin{array}{l} f(0{,}2) = 1{,}496 \\ f(0{,}3) = 1{,}661 \\ f(0{,}4) = 1{,}804 \end{array}\right\} \begin{array}{l} a \cdot 0{,}2^2 + b \cdot 0{,}2 + c = 1{,}496 \\ a \cdot 0{,}3^2 + b \cdot 0{,}3 + c = 1{,}661 \\ a \cdot 0{,}4^2 + b \cdot 0{,}4 + c = 1{,}804 \end{array}$$

$f(x) = -1{,}1x^2 + 2{,}2x + 1{,}1$

b) $f(0) = 1{,}1$. Der Körperschwerpunkt liegt bei 1,1 m.

c) Maximum bestimmen, dies liegt bei $x = 1$. $f(1) = 2{,}2$.
Die maximale Höhe des Körperschwerpunkts liegt bei 2,2 m.

d) Schnittpunkt der Parabel mit der Gerade $y = 0{,}6$ bestimmen, dies ergibt $x = 2{,}21$.
In ca. 2,21 m Entfernung vom Absprung trifft der Springer auf die Matte.

Übung 120

a) Der x-Wert des Scheitelpunkts liegt bei $x = 25$. $f(25) = 280$.
Die Rakete fliegt maximal 280 m hoch.

b) 50 m

c) $f(40) = 179{,}34$.
Die Rakete trifft den Baum nicht.

d) Nach a) gilt: $f(25) = 280$.
$g(25) = -0{,}001789 \neq f(25)$.
Die Funktionsgleichungen sind nicht identisch, die Rechnung des zweiten Ingenieurs ist falsch.

Übung 121

a)

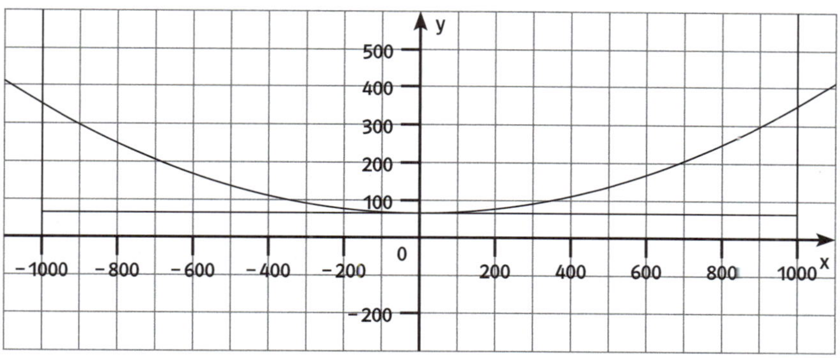

Der Graph ist eine nach oben geöffnete Parabel mit Scheitelpunkt bei $(0\,|\,65{,}72)$.

b) Größte Spannweite beträgt 1991 m.
Die x-Werte liegen zwischen $-\frac{1991}{2}$ und $+\frac{1991}{2}$,
also: $-995{,}5 \leqq x \leqq 995{,}5$

c) $f(\pm 995{,}5) = 348{,}7$.
Die Pfeiler ragen 348,7 m aus dem Wasser.

d) Der Abstand zwischen Fahrbahn und Wasser ist 65,72 m.

5./6. KLASSE
7./8. KLASSE
9./10. KLASSE

Übung 122

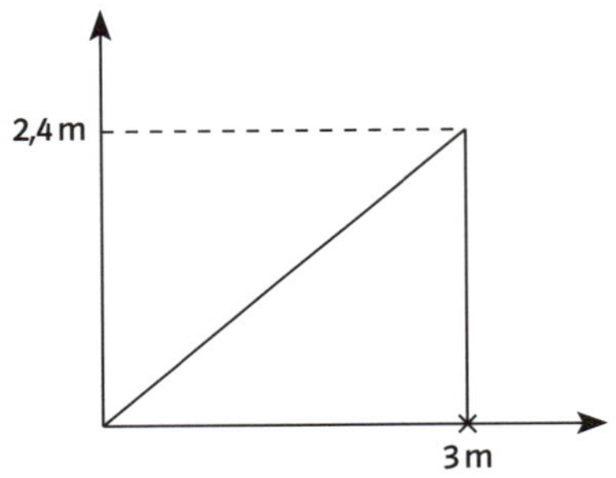

Geradengleichung: $y = \frac{2{,}40\,\text{m}}{3\,\text{m}} \cdot x = 0{,}8\,x$

V = Breite · Höhe · Tiefe

Da die Tiefe des Schrankes immer gleich ist, spielt sie für die weitere Rechnung keine Rolle.

Flächeninhalt der Schrankvorderseite: $(3-x) \cdot 0{,}8\,x = 2{,}4\,x - 0{,}8\,x^2$

Maximum des Flächeninhalts bestimmen:

Das Maximum liegt bei $x = 1{,}5$. Der y-Wert beträgt dort 1,2.

Optimale Breite des Schrankes: 1,5 m

Optimale Höhe des Schrankes: 1,2 m

Übung 123

Gedachte Zahl: x

$x(x+1) = x + 16$, also $x = -4$ oder $x = 4$.

Übung 124

a) Einerziffer: x Zehnerziffer: $y = 8 - x$

$(10y + x) \cdot (10x + y) = 1612$

$y = 8 - x$ eingesetzt ergibt:

$(80 - 9x) \cdot (8 + 9x) = 1612$

b) $-81x^2 + 720x - 72x + 640 - 1612 = 0$

$-81x^2 + 648x - 972 = 0$

$x^2 - 8x + 12 = 0$ $x_1 = 6$; $x_2 = 2$

Michaels zweistellige Zahl ist entweder 26 oder 62.

Übung 125

a) I: $x + y = 42 \Rightarrow y = 42 - x$

II: $x \cdot y = 432 \Rightarrow x \cdot (42 - x) = 432$

Term: $x^2 + 42x + 432 = 0$

b) $x_1 = 24$; $x_2 = 18$.

Die gesuchten Zahlen sind 24 und 18.

Übung 126

$x^2 = \frac{1}{3} \cdot 170{,}1\,\text{m} \cdot 35\,\text{m} = 1984{,}5\,\text{m}^2$

$x \approx 44{,}55\,\text{m}$

Übung 127

a) 4 einsetzen: $3 \cdot 5 + 1 = 16 = 4^2$
   9 einsetzen: $8 \cdot 10 + 1 = 81 = 9^2$

b) Vorgänger der Zahl x: $x - 1$
   Nachfolger der Zahl x: $x + 1$
   Behauptung: $x^2 = (x-1) \cdot (x+1) + 1$
   Beweis: $(x-1)(x+1) + 1 = x^2 - 1 + 1 = x^2$

Übung 128

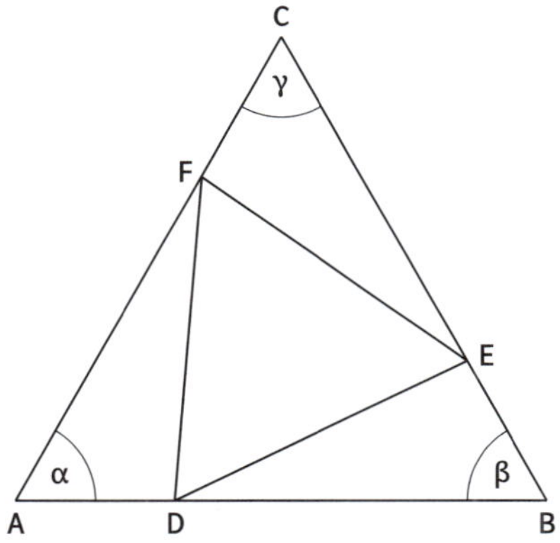

Da das Dreieck ABC gleichseitig ist, gilt $\alpha = \beta = \gamma$.
$\overline{AC}$, $\overline{CB}$ und $\overline{BA}$ sind gleich lang, also gilt: $\overline{AF} = \overline{CE} = \overline{BD}$ und $\overline{FC} = \overline{EB} = \overline{DA}$.
Die Dreiecke ADF, BED und CFE sind also wegen der sws-Regel kongruent.
Damit gilt: $\overline{DF} = \overline{FE} = \overline{ED}$; das neue Dreieck DEF ist gleichseitig.

Übung 129

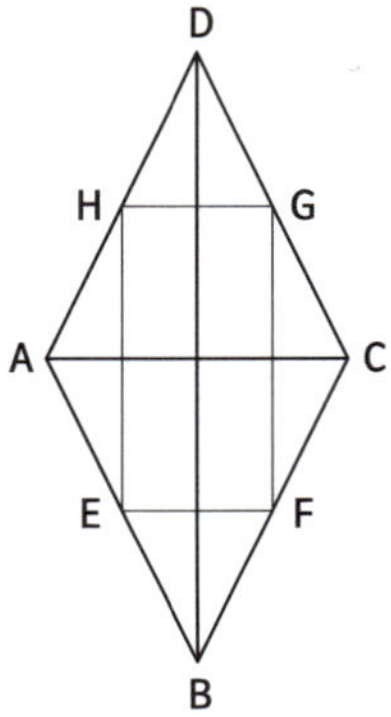

Zeichnet man die Diagonalen der Raute, erhält man jeweils zwei zueinander kongruente Dreiecke. Verbindet man die Seitenmitten, erhält man die Mittelparallelen der Dreiecke. Da die Diagonalen der Raute auch gleichzeitig ihre Spiegelachsen sind, stehen die Mittelparallelen senkrecht aufeinander. Man erhält also ein Mittenrechteck.

5./6. KLASSE
7./8. KLASSE
9./10. KLASSE

Übung 130

a) Seitenmitten eines Rechtecks:
Verbindet man die einander gegenüber liegende Seitenmitten in einem Rechteck, erhält man zwei Mittelparallele. Diese stehen senkrecht aufeinander (Wechselwinkel an Parallelen). Verbindet man die vier nebeneinander liegenden Seitenmitten, so bilden die zwei Mittelparallelen die Diagonalen des entstandenen Vierecks. Ein Viereck, bei dem die Diagonalen senkrecht aufeinander stehen, heißt Raute.
Seitenmitten eines Trapezes:
Halbiert man die Grundseite eines gleichschenkligen Trapezes, erhält man die Spiegelachse. Diese steht senkrecht auf der Mittelparallelen. Somit gilt wie beim Rechteck: Verbindet man die vier nebeneinander liegenden Punkte, so bilden Mittelparallele und Spiegelachse die Diagonalen des entstandenen Vierecks. Ein Viereck, bei dem die Diagonalen aufeinander senkrecht stehen, heißt Raute.

b)

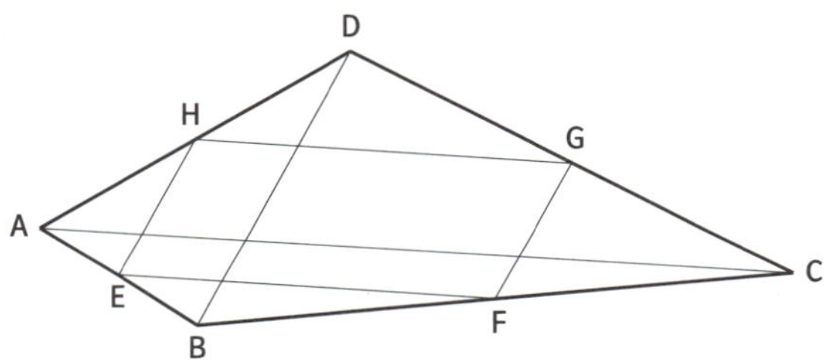

Zeichnet man die Diagonalen in das Viereck, erhält man Dreiecke. Verbindet man nun die Seitenmitten des Vierecks, dann erhält man die Mittelparallelen der Dreiecke, die zu den Dreiecksseiten, also den Diagonalen des ursprünglichen Vierecks, parallel sind. Zwei paarweise zueinander parallele Seiten bilden ein Parallelogramm.

Übung 131

a) Bestimmung der Steigung aus zwei Punkten:
$m = \frac{y_2 - y_1}{x_2 - x_1} = \frac{1050 - 450}{90 - 30} = 10$
Berechnung von c:
$450 = 10 \cdot 30 + c$, also $c = 150$.
Damit gilt: $h(t) = 10t + 150$.
Bestimmung der Höhe des Flughafens:
$h(0) = 10 \cdot 0 + 150 = 150$
Der Flughafen liegt 150 m über NN.

b) $h(t) = 10 \cdot 100 + 150 = 1150$.
Nach 100 s ist das Flugzeug auf einer Höhe von 1150 m über NN.
$2000 = 10 \cdot t + 150$, also $t = 185$.
Nach 185 s ist das Flugzeug auf einer Höhe von 2000 m über NN.

Übung 132

a) $\frac{2\text{ Mrd.}}{5\text{ Mrd.}} = \frac{2}{5} = 0{,}4 = 40\,\%$

b) $\frac{1{,}5\text{ Mio.}}{5000\text{ Mio.}} = \frac{1{,}5}{5000} = 0{,}0003 = 0{,}03\,\%$

Übung 133

a) $100\,\% = \frac{504{,}21}{98} \cdot 100 = 514{,}50$

Der Rechnungsbetrag vor Abzug des Skontos war 514,50 €.

b) $\frac{514{,}50}{119} \cdot 100 = 432{,}35$

Der Preis ohne Mehrwertsteuer beträgt 432,35 €.

Übung 134

a) $f(0) = 1{,}22$, also ist die passende Gleichung $f(x) = -0{,}05\,x^2 + 1{,}22$.

b) $g(0) = 1{,}3$; also $c = 1{,}3$.

$g(8) = 0$, also $64 \cdot a + 1{,}30 = 0$;

$a = -\frac{1{,}30}{64} = -0{,}0203125$

Gleichung: $g(x) = -0{,}0203125 \cdot x + 1{,}3$

c) Jon: $g(x) = -0{,}0203125\,x^2$;

Max: $f(x) = -0{,}05\,x^2$

d) Max: $f(4) = 0{,}42 < 1$

Jon: $g(4) = 0{,}975 \approx 1$

Jon trifft fast, Max trifft nicht.

Übung 135

a) Bestimmung der Gleichung:

$f(0) = 0$, also $c = 0$

$f(50) = -30$, also $a = -\frac{30}{2500} = -0{,}012$

$f(x) = -0{,}012\,x^2$

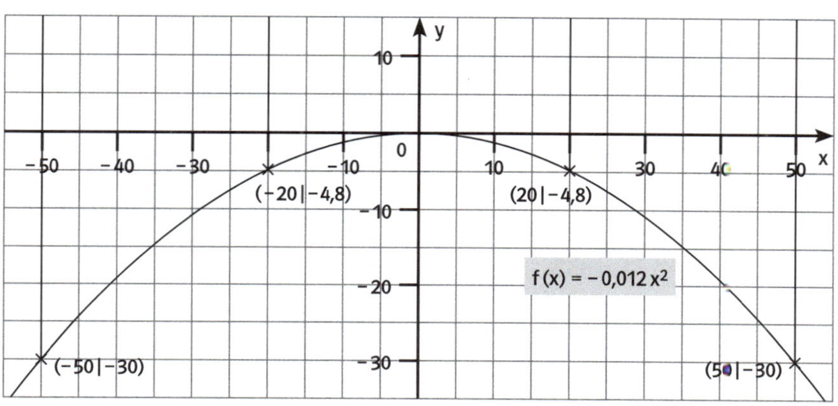

b) $f(20) = -0{,}012 \cdot 400 = -4{,}8$

Die Höhe der inneren Pfeiler beträgt 4,8 m.

Übung 136

Seitenlänge des Quadrats in cm: x; $x > 0$.
Flächeninhalt des Rechtecks: $(x+3)(x-4) = 294$
$x_1 = 18$; $x_2 = -17$ (entfällt, da $x > 0$).
Die Seitenlänge des Quadrats beträgt 18 cm.

Übung 137

Zahl: x
Nachfolger: $x+1$; $x+2$; $x+3$.
Term: $x + (x+1) + (x+2) + (x+3) = 4x+6$
$4x$ ist durch 4 teilbar, aber 6 nicht, also ist die Summe auch nicht durch 4 teilbar.
Peter hat nicht Recht.

Übung 138

a)

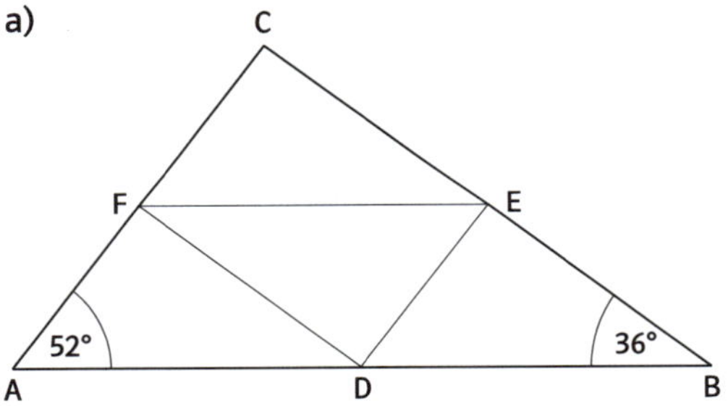

b) und c) Die vier kleinen Dreiecke sind kongruent, da sie jeweils zwei gleiche Winkel und eine gleich lange Seite haben.

Übung 139

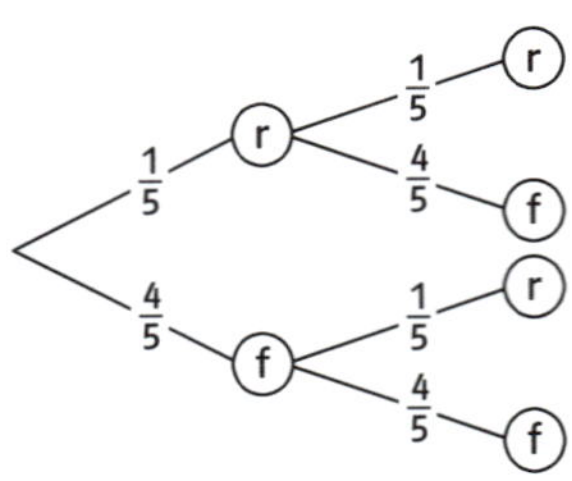

a) $P(\text{„beide richtig“}) = \frac{1}{5} \cdot \frac{1}{5} = \frac{1}{25} = 4\,\%$

b) $P(\text{„5 falsch“}) = \left(\frac{4}{5}\right)^5 \approx 33\,\%$

Übung 140

$P_1 = P(\text{„eine gelbe und eine schwarze“}) = \frac{3}{10} \cdot \frac{2}{10} = \frac{6}{100} = 6\,\%$

$P_2 = P(\text{„zwei weiße“}) = \frac{5}{10} \cdot \frac{5}{10} = \frac{25}{100} = 25\,\%$

$P_3 = P(\text{„zwei gelbe“}) = \frac{3}{10} \cdot \frac{3}{10} = \frac{9}{100} = 9\,\%$

$P(\text{„Gewinn“}) = P_1 + P_2 + P_3 = 40\,\%$

Übung 141

Skizze:

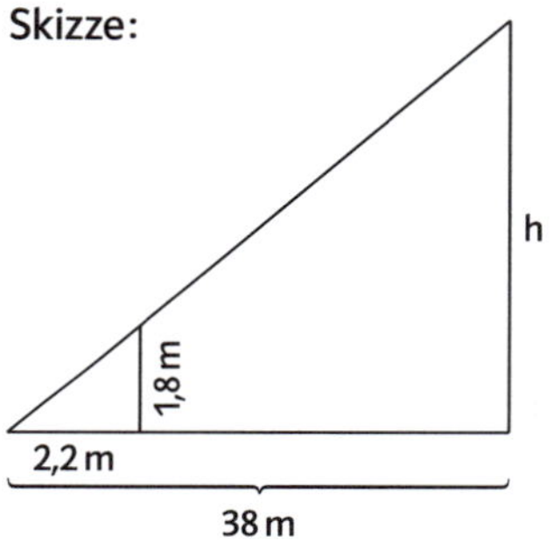

$\frac{h}{38} = \frac{1{,}80}{2{,}20}$, also $h \approx 31{,}1$

Der Kirchturm ist etwa 31 m hoch.

Übung 142

$\frac{21\,\text{cm}}{7{,}80\,€} = \frac{28\,\text{cm}}{x}$, also $x = 10{,}4\,€$

Wenn beide Kuchen entsprechend ihrer Größe gleich teuer sein sollen, muss der große Erdbeerkuchen für 10,40 € verkauft werden.

Übung 143

E = Erde, M = Mond, R = Raumschiff

d_E = Durchmesser der Erde = 12 756 km

d_M = Durchmesser des Mondes = 3476 km

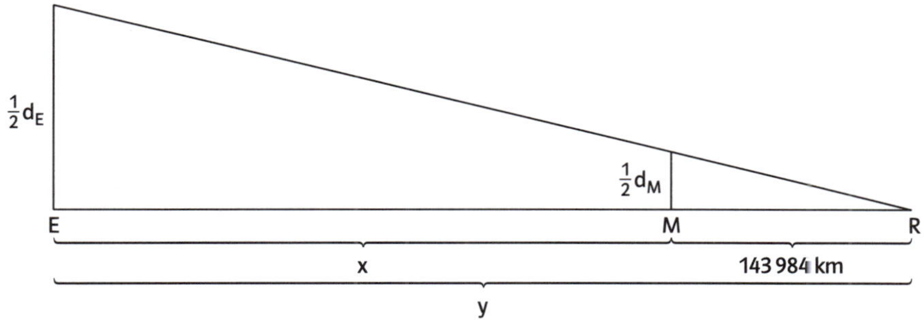

$\frac{y}{\overline{MR}} = \frac{\frac{1}{2}d_E}{\frac{1}{2}d_M}$, also $y = \frac{12\,756}{3476} \cdot 143\,984\,\text{km} \approx 528\,383\,\text{km}$

$x = y - \overline{MR} \approx 384\,399\,\text{km}$

Erde und Mond sind etwa 384 399 km voneinander entfernt.

5./6. KLASSE

7./8. KLASSE

9./10. KLASSE

Übung 144

a) Skizze:

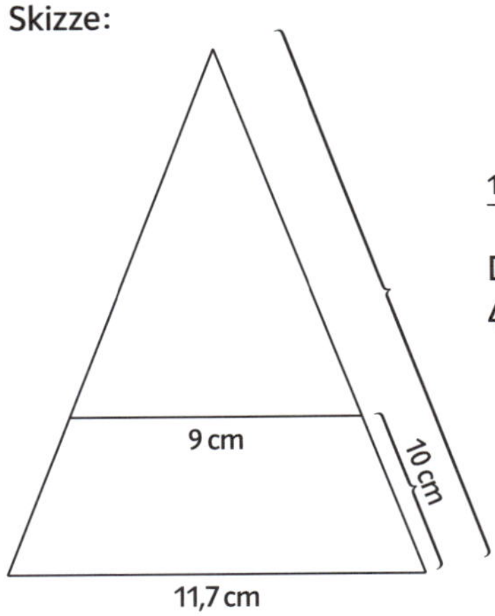

$\frac{11{,}7}{9} = \frac{x}{x-10}$, also $x \approx 43$.

Die Mantelkante der Pyramide wäre 43 cm lang.

b) Skizze:

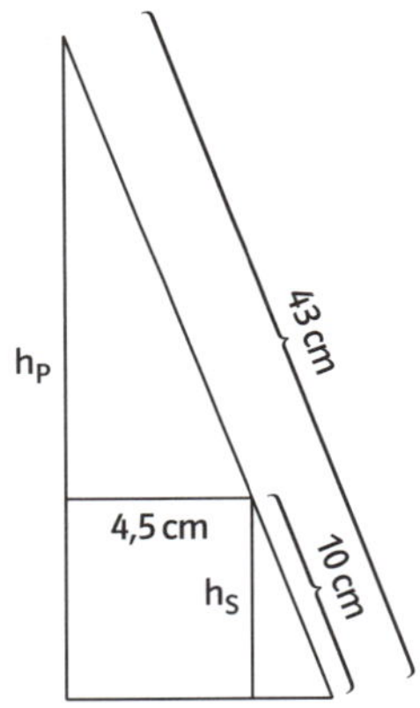

Höhe der Pyramide = h_P

Höhe des Pyramidenstumpfes = h_S

$h_P = \sqrt{43^2 - \left(\frac{11{,}7}{2}\right)^2}\,\text{cm} \approx 42\,\text{cm}$

$h_S = \sqrt{10^2 - \left(\frac{11{,}7}{2} - \frac{9}{2}\right)^2}\,\text{cm} \approx 9{,}9\,\text{cm}$

Die momentane Verpackung ist etwa 9,9 cm hoch.

Die neue Verpackung wäre 42 cm hoch.

c) $V_P = \frac{1}{3} \cdot (11{,}7\,\text{cm})^2 \cdot 42\,\text{cm} \approx 1916\,\text{cm}^3$

$V_S = V_P - \frac{1}{3} \cdot (9\,\text{cm})^2 \cdot 32\,\text{cm} = 1916\,\text{cm}^3 - 864\,\text{cm}^3 = 1052\,\text{cm}^3$

$\frac{300\,\text{g}}{1052\,\text{cm}^3} = \frac{x}{1916\,\text{cm}^3} \quad \Rightarrow \quad x \approx 546\,\text{g}$

In die Partypackung würden 546 g Kokospralinen passen.

Übung 145

Skizze (von oben):

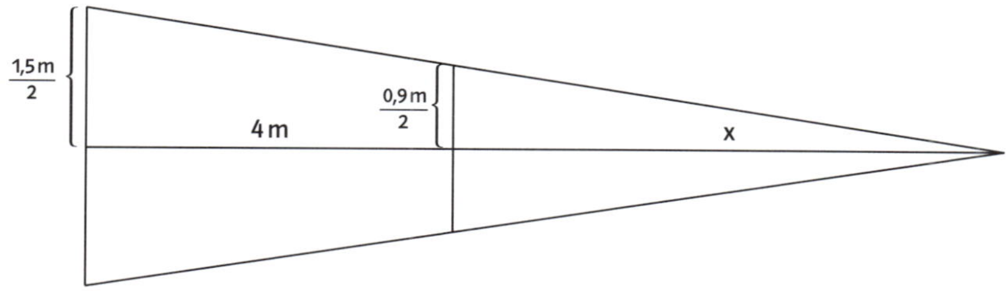

$$\frac{\frac{1{,}5\,m}{2}}{\frac{0{,}9\,m}{2}} = \frac{4\,m + x}{x}$$

$$1{,}5\,m \cdot x = 3{,}6\,m + 0{,}9\,m \cdot x$$

$$x = 6\,m$$

Wenn der Betrachter 6 m von der schmaleren Säule entfernt steht, verdeckt die schmalere Säule die breitere.

Übung 146

Ein regelmäßiges Sechseck ist ein Vieleck mit sechs gleich langen Seiten und sechs gleich großen Innenwinkeln, d.h. die Diagonale ist doppelt so lang wie eine Seite. Somit gilt: $2 \cdot \overline{BC} = \overline{AD}$.

Ist S das Zentrum einer Strahlensatzfigur, dann gilt: $\frac{\overline{AD}}{\overline{BC}} = \frac{\overline{SA}}{\overline{SC}}$.

Die Strecken AC und BD teilen sich im Verhältnis 2 : 1.

Übung 147

Die Regalbretter sind jeweils 1,8 m lang plus die jeweilige Länge des Teilstücks unter der Schräge:

$$\frac{3\,m - 1{,}8\,m}{5} = \frac{1{,}2\,m}{5} = 0{,}24\,m$$

Das kürzeste Brett ist $1{,}8\,m + 0{,}24\,m = 2{,}04\,m$ lang, die drei anderen jeweils um 0,24 m länger. Die 4 Regalbretter haben die Längen 2,04 m; 2,28 m; 2,52 m; 2,76 m.

Übung 148

Skizze:

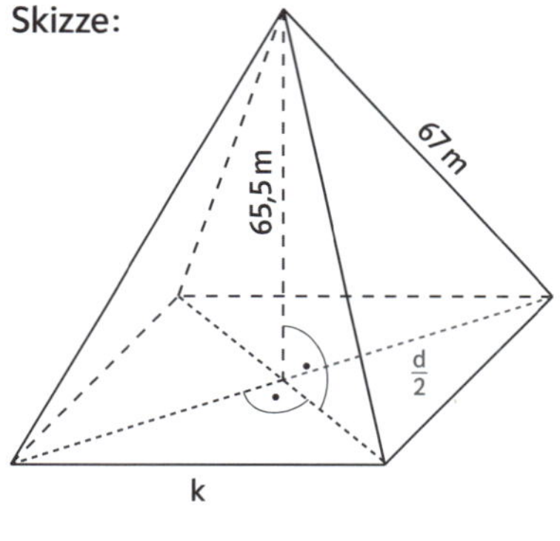

Für die Länge der halben Diagonale gilt:

$\left(\frac{d}{2}\right)^2 = 67^2 - 65{,}5^2$, also $\frac{d}{2} \approx 14{,}1$

Länge einer Grundkante k:

$k^2 = 2 \cdot 14{,}1^2$, also $k \approx 19{,}94$

Eine Grundkante ist etwa 19,94 m lang.

Übung 149

$h^2 = 54^2 - 4{,}6^2$, also $h \approx 53{,}8$

Haarlänge = 53,8 m − 1,80 m = 52 m

Die Haare müssen etwa 52 m lang sein.

Übung 150

a)

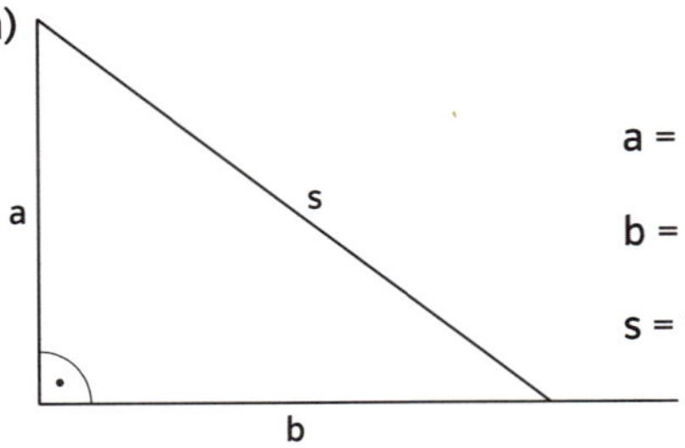

$a = 306\,\text{m} - 62\,\text{m} = 244\,\text{m}$

$b = \frac{1088 - 16}{2}\,\text{m} = 536\,\text{m}$

$s = \sqrt{a^2 + b^2} = 589\,\text{m}$

b) Es sind weitere Werte zu berücksichtigen, u. a. die Breite der Pylone, die Fahrbahndicke, die genauen Aufhängungspunkte der Seile …

Übung 151

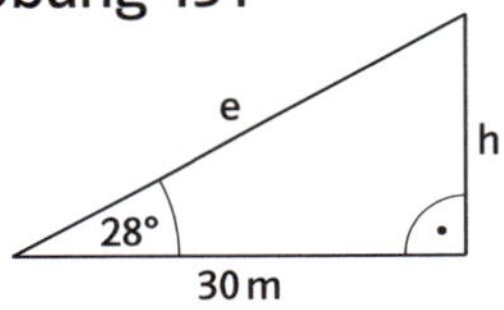

a) $\tan(28°) = \frac{h}{30\,\text{m}}$, also $h \approx 15{,}95\,\text{m}$

Der Baum ist etwa 16 m hoch.

b) $\cos(28°) = \frac{30\,\text{m}}{e}$, also $e \approx 33{,}98\,\text{m}$

Die Eule müsste etwa 34 m weit fliegen.

c) $\frac{16\,\text{m} + 0{,}3\,\text{m}}{30\,\text{m}} = \tan(\alpha)$, also $\alpha \approx 28{,}5°$

Der Winkel wäre etwa 0,5° größer.

Übung 152

a)

$\sin(80°) = \frac{h}{6\,\text{m}}$, also $h \approx 5{,}9\,\text{m}$

Die Leiter reicht etwa 5,9 m hoch.

b)

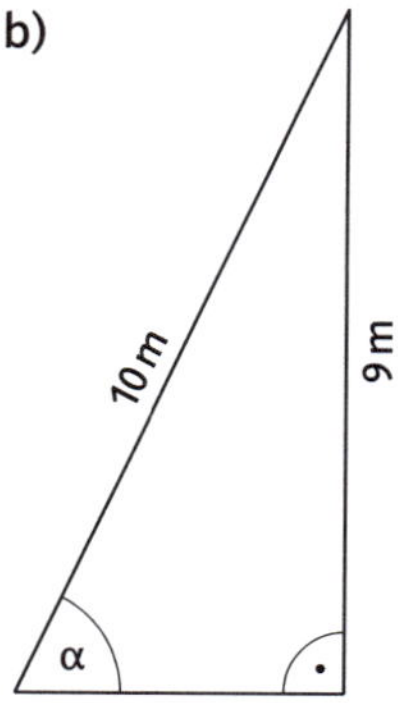

$\sin(\alpha) = \frac{9\,\text{m}}{10\,\text{m}}$, also $\alpha \approx 64° < 80°$
Der Prinz kann Rapunzel gefahrlos retten.

c)

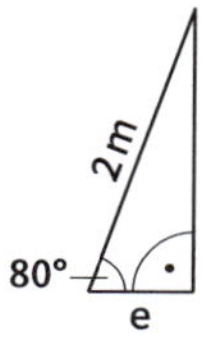

$\cos(80°) = \frac{e}{2\,\text{m}}$, also $e \approx 0{,}35\,\text{m}$
Die Leiter ist etwa 35 cm von der Wand entfernt.

Übung 153

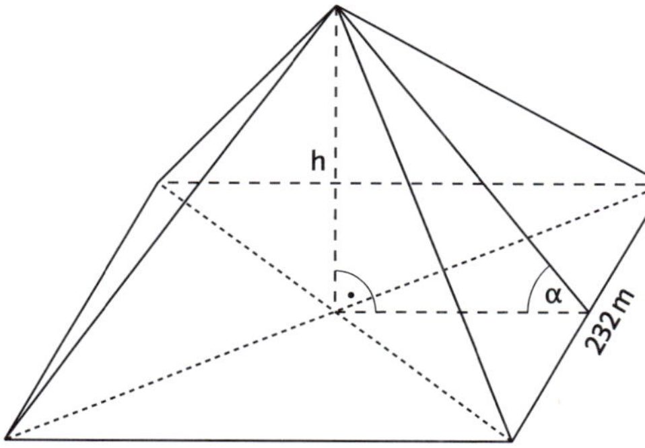

Ursprüngliche Pyramide: $h = 146{,}60\,\text{m}$
$k = 232\,\text{m}$

$\tan(\alpha) = \frac{h}{\frac{1}{2}k} = \frac{146{,}60\,\text{m}}{116\,\text{m}}$, also $\alpha = 51{,}6°$

Heutige Pyramide: $h = 138{,}75\,\text{m}$
$\alpha = 51{,}6°$
gesucht: k

$\tan(51{,}6°) = \frac{h}{\frac{1}{2}k} = \frac{138{,}75\,\text{m}}{\frac{1}{2}k}$, also $k = 219{,}58\,\text{m}$

Die Grundkante der heutigen Pyramide hat eine Länge von rund 220 m.

5./6. KLASSE
7./8. KLASSE
9./10. KLASSE

Übung 154

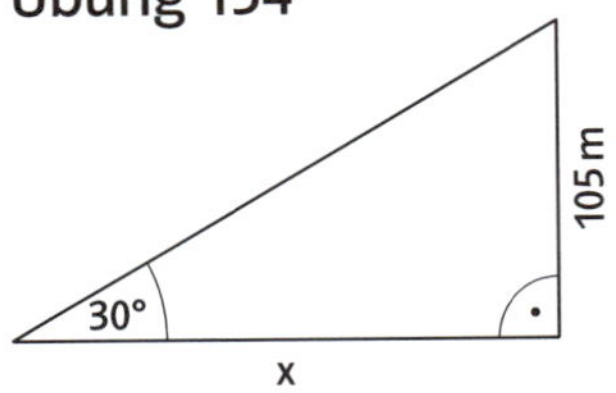

$\tan(30°) = \frac{105\,m}{x}$, also $x \approx 181{,}9\,m$

Die Schatten sind etwa 182 m lang.

Übung 155

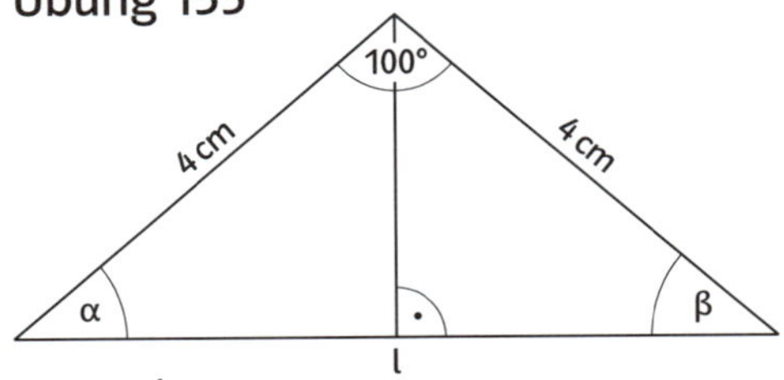

$\alpha = \beta = \frac{1}{2}(180° - 100°) = 40°$

$\cos(40°) = \frac{\frac{1}{2} \cdot l}{4\,cm}$, also $l = \cos(40°) \cdot 8\,cm \approx 6{,}13\,cm$

Die Basis des gleichschenkligen Dreiecks ist rund 6,13 cm lang.

Übung 156

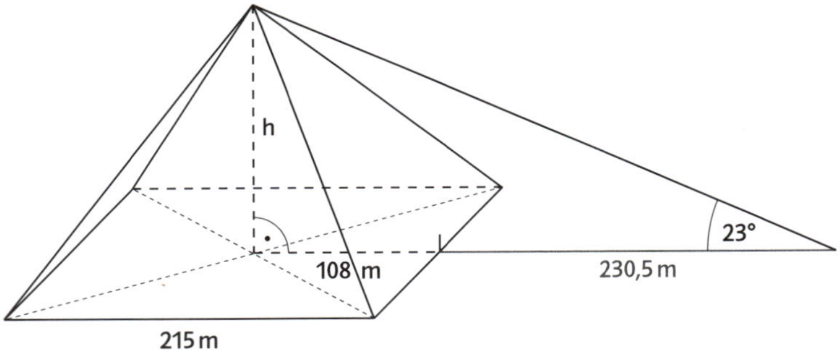

Rechtwinkliges Dreieck mit $\alpha = 23°$

Ankathete = 108 m + 230,5 m = 338,5 m

$\tan(23°) = \frac{h}{338{,}5\,m}$

$h = 338{,}5\,m \cdot \tan(23°) \approx 143{,}7\,m$

Die Cephren-Pyramide ist etwa 143,7 m hoch.

Übung 157

a)

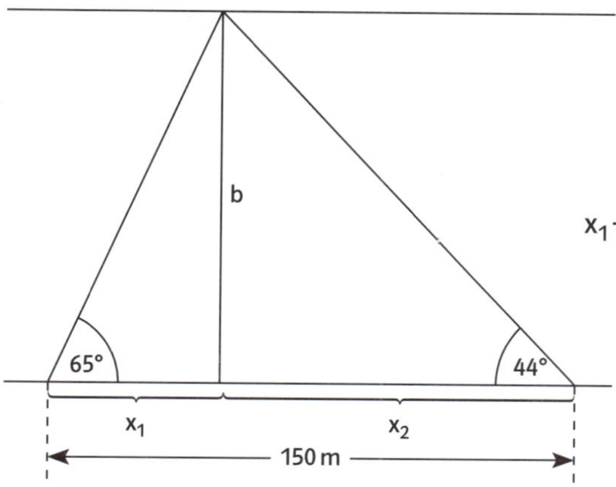

$$x_1 = \frac{b}{\tan(65°)}$$

$$x_2 = \frac{b}{\tan(44°)}$$

$$x_1 + x_2 = 150\,\text{m}$$

$$\Rightarrow b \cdot \left(\frac{1}{\tan(65°)} + \frac{1}{\tan(44°)}\right) = 150\,\text{m}$$

$$\Rightarrow b = \frac{150\,\text{m}}{\frac{1}{\tan(65°)} + \frac{1}{\tan(44°)}} \approx 99{,}88\,\text{m}$$

Der Neckar ist an dieser Stelle etwa 100 m breit.

b) $1{,}2 \cdot 100\,\text{m} = 120\,\text{m}$

Die Brücke müsste 120 m lang werden.

Übung 158

a) $1\,\text{AE} = 1{,}496 \cdot 10^{11}\,\text{m}$

$1\,\text{Lichtsekunde} = 3 \cdot 10^5\,\text{km}$

$1\,\text{Parsec} = 3{,}1 \cdot 10^{16}\,\text{m}$

b) $1\,\text{Lj} = 9{,}5 \cdot 10^{15}\,\text{m} = 9{,}5 \cdot 10^{12}\,\text{km}$;

$1\,\text{Lj} = 63\,240\,\text{AE}$;

$1\,\text{pc} \approx 2{,}1 \cdot 10^5\,\text{AE}$;

$1\,\text{Mpc} \approx 3{,}3 \cdot 10^6\,\text{Lj}$

Übung 159

a) 15 Milliarden Lichtjahre = $1{,}5 \cdot 10^{10}$ Lj

18 Milliarden Lichtjahre = $1{,}8 \cdot 10^{10}$ Lj

$6370\,\text{km} = 6{,}37 \cdot 10^3\,\text{km}$

b) $\frac{1{,}8 \cdot 10^{10}}{6{,}37 \cdot 10^3} \approx 2{,}83 \cdot 10^6$

c) Dichte $\varrho = \frac{M}{V}$; $V_{Kugel} = \frac{4}{3} \cdot r^3$

$$\varrho \approx \frac{5{,}98 \cdot 10^{24}\,\text{kg}}{1{,}08 \cdot 10^{12}\,\text{km}^3} \approx 5{,}5 \cdot 10^{12}\,\frac{\text{kg}}{\text{km}^3}$$

d) Die Erde besteht grob geschätzt aus etwa $\frac{5{,}98 \cdot 10^{24}}{10^{-27}} = 5{,}98 \cdot 10^{51}$ Atomen.

Übung 160

a) $3 \cdot 4^x$

b) $3 \cdot \frac{4^x}{3^x}$

c) $\frac{\log\left(\frac{1}{3} \cdot 10^{50}\right)}{\log\left(\frac{4}{3}\right)} \approx 396{,}4$

Nach etwa 396 Schritten ist der Umfang 10^{50} LE lang.

Übung 161

Fläche der Teigplatte: $720\,\text{cm}^2$

$A_{\text{Herz}} = \left(1 + \frac{1}{4}\pi\right) \cdot 4\,\text{cm}^2 \approx 7{,}14\,\text{cm}^2$.

Es können im ersten Ausstechdurchgang 60 Herzen ausgestochen werden mit einer Fläche von $60 \cdot 7{,}14\,\text{cm}^2 = 428{,}4\,\text{cm}^2$.

Es bleiben $291{,}6\,\text{cm}^2$ übrig, dies sind 40,5 %.

$A_{\text{Blüte}} = \left(\frac{1}{2} \cdot \pi - 1\right) \cdot 9\,\text{cm}^2 \approx 5{,}14\,\text{cm}^2$.

Es können im ersten Ausstechdurchgang 80 Blüten ausgestochen werden mit einer Fläche von $413{,}6\,\text{cm}^2$.

Es bleiben $306{,}4\,\text{cm}^2$ übrig, dies sind 42,6 %.

$A_{\text{Wurm}} = \frac{5}{4} \cdot \pi \cdot 1\,\text{cm}^2 \approx 3{,}93\,\text{cm}^2$.

Es können im ersten Ausstechdurchgang 120 Würmer ausgestochen werden mit einer Fläche von $471{,}6\,\text{cm}^2$.

Es bleiben $248{,}4\,\text{cm}^2$, dies sind 34,5 %.

$A_{\text{Blume}} = \left(1 + \frac{3}{4}\pi\right) \cdot 2{,}25\,\text{cm}^2 = 7{,}55\,\text{cm}^2$.

Es können im ersten Ausstechdurchgang 80 Blumen ausgestochen werden mit einer Fläche von $604\,\text{cm}^2$.

Es bleiben $116\,\text{cm}^2$, dies sind 16,1 %.

Übung 162

a) $V_{\text{Zylinder}} = \pi r^2 h$, also etwa $707\,\text{cm}^3 = 0{,}707\,\text{l}$.

b) $500\,\text{cm}^3 = \pi \cdot 25\,\text{cm}^2 \cdot h$, also $h \approx 6{,}37\,\text{cm}$.

Übung 163

a) Skizze:

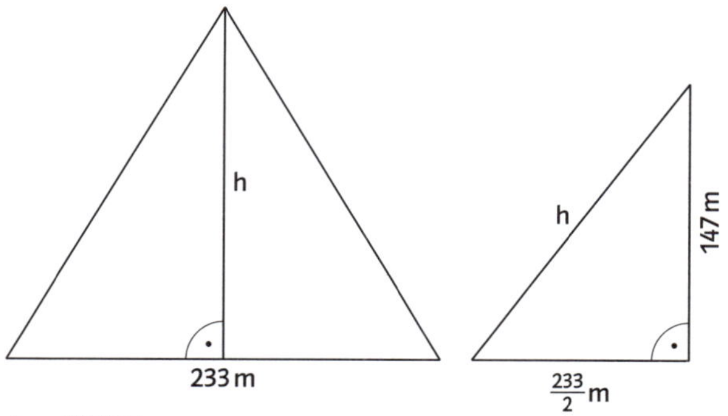

$h \approx 187{,}57\,\text{m}$

$4 \cdot A_{\text{Dreieck}} = 4 \cdot \frac{1}{2} \cdot 233\,\text{m} \cdot 187{,}57\,\text{m} = 87\,407{,}62\,\text{m}^2$

b) Skizze:

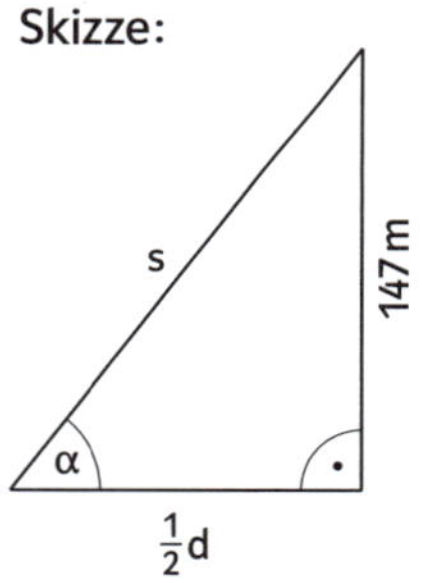

Diagonale der quadratischen Grundfläche:

$d = \sqrt{233^2 + 233^2} \approx 329{,}51\,\text{m}$

$\tan(\alpha) = \frac{147\,\text{m}}{\frac{329{,}51}{2}\,\text{m}} \approx 0{,}89$, also $\alpha \approx 41{,}7°$

c) $V_{\text{alt}} = \frac{1}{3} \cdot (233\,\text{m})^2 \cdot 147\,\text{m} = 2\,660\,161\,\text{m}^3$

$V_{\text{neu}} = \frac{1}{3} \cdot (230\,\text{m})^2 \cdot 137\,\text{m} = 2\,415\,766{,}67\,\text{m}^3$

$V_{\text{alt}} - V_{\text{neu}} = 244\,394{,}33\,\text{m}^3$

Es fehlen $244\,394{,}33\,\text{m}^3$ Gestein.

d) $u_Q = 4 \cdot 233\,\text{m} = 932\,\text{m}$;

$u_K = 2\pi \cdot 147\,\text{m} \approx 923{,}6\,\text{m}$

$u_Q \neq u_K$

e) $\frac{440}{280} : \frac{\pi}{2} \approx 1{,}0004$; $0{,}0004 = 0{,}04\,\%$

Das Verhältnis weicht um 0,04 % ab.

5./6. KLASSE

7./8. KLASSE

9./10. KLASSE

Übung 164

a) $V = \frac{1}{3} \cdot \pi \cdot r^2 \cdot h \approx 261{,}8\,\text{cm}^3 = 0{,}2618\,l$

b) $r_x = \frac{x}{2}$;

$V(x) = \frac{1}{3} \cdot \pi \cdot r_x{}^2 \cdot x = \frac{1}{3} \cdot \pi \cdot \left(\frac{x}{2}\right)^2 \cdot x = \frac{1}{12} \cdot \pi \cdot x^3$

c) $250\,\text{cm}^3 = \frac{1}{12}\pi x^3$, also $x \approx 9{,}85\,\text{cm}$.

Übung 165

Pyramidenstumpf (PS)

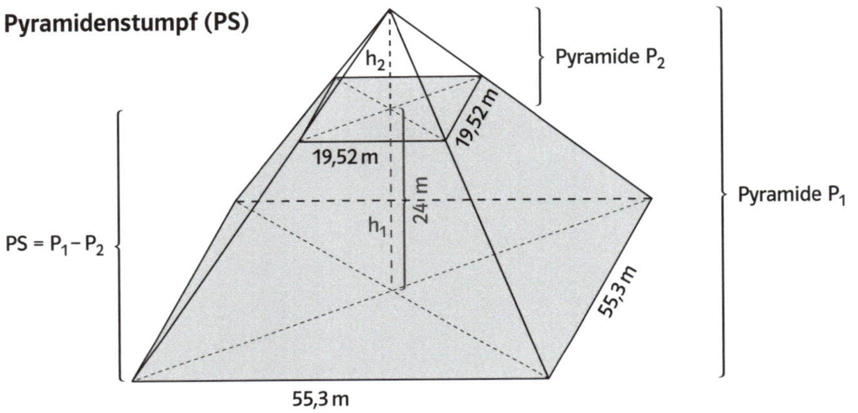

Um das Volumen des Pyramidenstumpfes zu bestimmen, bestimmt man die Volumen V_1 und V_2 der beiden Pyramiden P_1 und P_2.

Die Höhe h_1 der großen Pyramide ergibt sich durch den Strahlensatz:

$$\frac{55{,}3\,\text{m}}{19{,}52\,\text{m}} = \frac{h_1}{h_2} = \frac{h_1}{h_1 - 24\,\text{m}}$$

Es ergibt sich: $h_1 = \frac{55{,}3\,\text{m} \cdot 24\,\text{m}^2}{55{,}3\,\text{m} - 19{,}52\,\text{m}} \approx 37{,}1\,\text{m}$

$h_2 = 37{,}1\,\text{m} - 24\,\text{m} \approx 13{,}1\,\text{m}$

V_{PS} = Volumen des Pyramidenstumpfes (PS)

$= V_1 - V_2 = \frac{1}{3} \cdot (G_1 \cdot h_1 - G_2 \cdot h_2)$

$= \frac{1}{3} \cdot [(55{,}3\,\text{m})^2 \cdot 37{,}1\,\text{m} - (19{,}52\,\text{m})^2 \cdot 13{,}1\,\text{m}]$

$= \frac{1}{3} \cdot [113\,455{,}139\,\text{m}^3 - 4991{,}49824\,\text{m}^3] \approx 36\,155\,\text{m}^3$

Turm (T)

$V_T = (13{,}42\,\text{m})^2 \cdot 6\,\text{m} \approx 1081\,\text{m}^3$

Pyramide des Kukulcán (PK)

$V_{PK} = V_{PS} + V_T = 37\,236\,\text{m}^3$

Das Volumen der Pyramide des Kukulcán beträgt $37\,236\,\text{m}^3$.

Übung 166

a) Tageslänge in Stunden: $f(x) = 4 \cdot \sin\left(\frac{2\pi}{365} \cdot x\right) + 12{,}25$

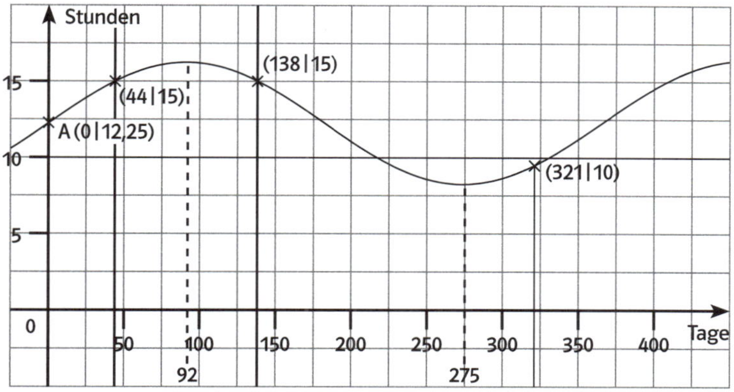

Tag 0 ≙ 21.03.
Tag 92 ≙ 21.06., längster Tag des Jahres
Tag 275 ≙ 21.12., kürzester Tag des Jahres

b) Tag 321 ≙ 05.02. Die Sonne scheint fast 10 Stunden.

c) Tag 44 ≙ 05.05. } Am 5. Mai und am 7. August
Tag 138 ≙ 07.08. } scheint die Sonne etwa 15 Stunden.

Übung 167

a) Da $\tan(0) = 0$, ist auch $\cos(t) = -\tan(\varphi) \cdot \tan(\delta) = 0$ und somit $t = 90°$ oder 6 h. Der Tagbogen am Äquator beträgt also für alle Gestirne genau 12 h.

b) In der Nähe der Pole beträgt der Tagbogen 24 h oder 0 h.

c) $\cos(t) = -\tan(52°) \cdot \tan(-22{,}20°) = 0{,}5223$, also $t = 58{,}5$; das entspricht fast 4 h.
In Berlin scheint die Sonne am 09.01. nicht ganz 8 h.

Übung 168

a) Es gilt: $f(0) = 2$ und $f(23{,}12) = 0$, daraus ergibt sich $c = 20$ und $a \approx -0{,}04699$.

b) Maximum bestimmen ergibt: Maximum bei $x \approx 10{,}64$, $y = 7{,}32$.

c) Schnittstelle mit der Geraden $y = 2$ bestimmen ergibt:
Bei $x \approx 21{,}28$ ist $y = 2$.

d) Steigung $f'(0) = 1$ entspricht dem Tangens, also $\alpha \approx 45°$.

e) Gerade durch (10 | 0) und (20 | 2) bestimmen ergibt: $y = \frac{1}{5} \cdot x - 2$.
Schnittpunkt der Geraden mit der Parabel ergibt: Schnittpunkt (21.07 | 2,21).

5./6. KLASSE

7./8. KLASSE

9./10. KLASSE

Übung 169

a) $V = \pi r^2 \cdot h$, also $h(r) = \frac{500}{\pi \cdot r^2}$

b) Sinnvoll wäre z. B. $3 < x < 7$.

c) $h(3) \approx 17{,}7$; $h(5) \approx 6{,}4$; $h(10) \approx 1{,}6$.

d) $r \approx 4{,}6$

e) $O(r) = 2\pi r^2 + 2\pi r \cdot h = 2\pi r^2 + 2\pi r \cdot \frac{500}{\pi \cdot r^2} = 2\pi r^2 + \frac{1000}{r}$

Übung 170

a) Ursprung des Koordinatensystems im Tiefpunkt der Parabel.
Die Punkte (0 | 77) und (812 | 254) ergeben: $f(x) = 0{,}000268 \cdot x^2 + 77$

b) $-812 \leqq x \leqq 812$

Übung 171

a) $100 \frac{km}{h} \approx 27{,}78 \frac{m}{s}$

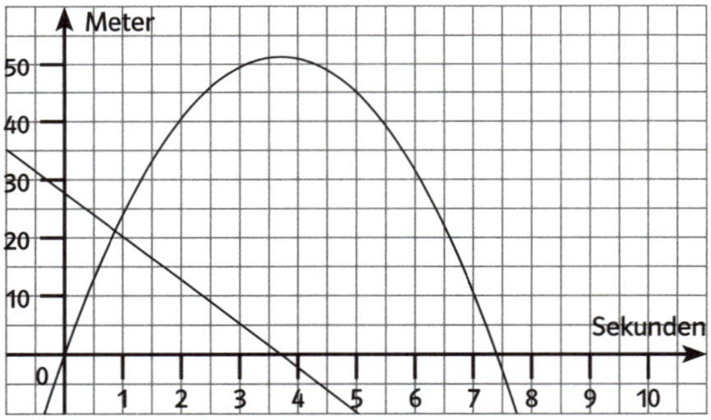

$s(0) = 0$;
$s(1) \approx 24{,}03$ m;
$s(2) \approx 40{,}56$ m;
$s(3) \approx 49{,}59$ m

b) $s'(t) = 27{,}78 - 7{,}5 \cdot t$; $s'(1) \approx 20{,}28$; $s'(2) \approx 12{,}78$; $s'(3) \approx 5{,}28$

c) Die momentane Änderungsrate entspricht der momentanen Geschwindigkeit.

d) $s'(t) = 0$, also $t = 3{,}704$.
Nach etwa 3,7 s hat das Auto abgebremst.

e) Die Faustformel ist völlig ungenau, die Gefahrbremsformel kommt dem Bremsweg viel näher.

Übung 172

a)

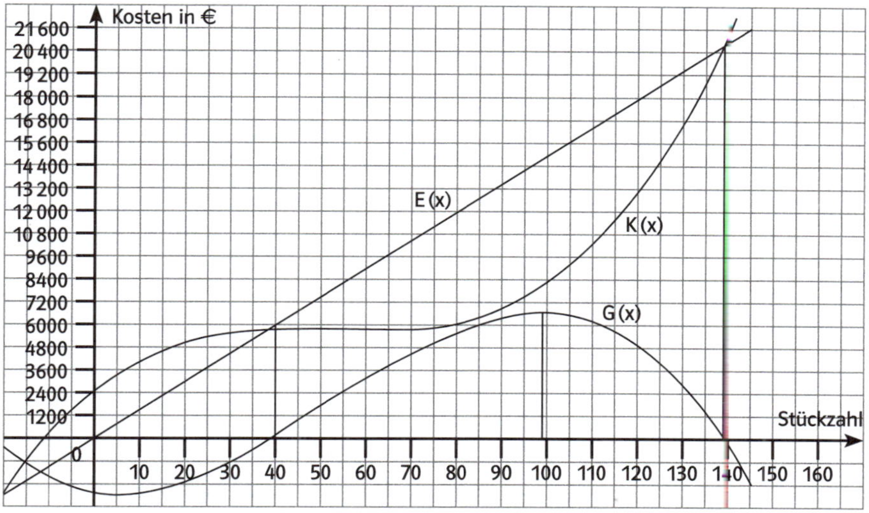

b) K(0) = 2680; das sind die Fixkosten in Euro. K(50) = 5805

c) E(x) = 149 x;

Schnittpunkt von E und K bestimmen: $39 \leqq x \leqq 140$. Liegt die Stückzahl zwischen 39 und 140, so ist der Erlös größer als die Produktionskosten.

d) x = 99

Übung 173

a) Toblerone: A(3 | 0 | 0); B(3 | 10 | 0); C(0 | 10 | 3)

Käse: A(2 | 0 | 0); B(2 | 6 | 0); C(2 | 6 | 4)

Praline: A(4 | 0 | 0); B(4 | 4 | 0); C(2 | 2 | 3)

b) Toblerone: $\vec{b} - \vec{a} + \frac{1}{2}\vec{c}$

Käse: $-\frac{1}{2}\vec{a} - \frac{1}{2}\vec{b} + \vec{c} - \vec{a}$

Praline: $-\vec{c} + \vec{a} + \vec{b}$

Übung 174

a) Toblerone: S(3 | 0 | 0); E(0 | 10 | 1,5); A(0 | 0 | 3); B(1,5 | 10 | 0)

Käse: S(2 | 3 | 0); E(0 | 6 | 4); A(0 | 1 | 4); B(1 | 6 | 0)

b) Toblerone: $g_{Raupe}: \vec{x} = \begin{pmatrix} 3 \\ 0 \\ 0 \end{pmatrix} + t \begin{pmatrix} -3 \\ 10 \\ 1{,}5 \end{pmatrix}$; $g_{Käfer}: \vec{x} = \begin{pmatrix} 0 \\ 0 \\ 3 \end{pmatrix} + s \begin{pmatrix} 1{,}5 \\ 10 \\ -3 \end{pmatrix}$

Käse: $g_{Raupe}: \vec{x} = \begin{pmatrix} 2 \\ 3 \\ 0 \end{pmatrix} + t \begin{pmatrix} -2 \\ 3 \\ 4 \end{pmatrix}$; $g_{Käfer}: \vec{x} = \begin{pmatrix} 0 \\ 1 \\ 4 \end{pmatrix} + s \begin{pmatrix} 1 \\ 5 \\ -4 \end{pmatrix}$

c) Toblerone: Die Geraden schneiden sich im Punkt $T\left(1 \middle| \frac{20}{3} \middle| 1\right)$.

Käse: Die Geraden schneiden sich nicht.

Übung 175

a) Linear; Größe des Baggersees in m^3: $B(t) = B(0) + 12t$; t in Stunden
b) Exponentiell; Anzahl der Algen: $B(t) = B(0) \cdot 3^t$; t in Wochen
c) Exponentiell; Wert in €: $B(t) = B(0) \cdot 1{,}02t$; t in Jahren
d) Linear; Wert in €: $B(t) = B(0) - 2500t$; t in Jahren

Übung 176

Angebot 1: $B(14) = 100\,€ + 2{,}5\,€ \cdot 14 = 135\,€$
Angebot 2: $B(14) = 0{,}02\,€ \cdot 2^{14} = 327{,}68\,€$
Ira sollte sich für Angebot 2 entscheiden.

Übung 177

a) $B(0) = 80$; $B(1) = 68$
Beschränktes Wachstum, also $B(n+1) = B(n) + k(S - B(t))$
$68 = 80 + k \cdot (20 - 80)$, also $k = 0{,}2$ (oder $20\,\% = 0{,}2$)
$B(t+1) = B(t) + 0{,}2 \cdot (20 - B(t))$
$= 0{,}8 \cdot B(t) + 4$

b) $B(2) = 0{,}8 \cdot 68 + 4 = 58{,}4$
$B(3) = 50{,}72$
$B(4) = 44{,}576$
$B(5) = 39{,}662$
Nach 5 Minuten liegt die Kakaotemperatur unter 40 °C.

Übung 178

a) $a = \frac{B(2)}{B(1)} = \frac{29{,}0}{18{,}1} \approx 1{,}6022$
$B(0) \cdot 1{,}6022^1 = 18$, also gilt $B(0) \approx 11{,}3$.
Der Anfangsbestand betrug also 11,3 mg Hefe, das zugehörige Wachstumsgesetz lautet $B(t) = 11{,}3 \cdot 1{,}6022^t$.

Zeit t in h	0	1	2	3	4	5
Hefemenge in mg	11,3	18,1	29,0	46,5	74,5	119

b) Das exponentielle Wachstum eignet sich **nicht** zur Modellierung von Hefe:
- Reale Wachstumsvorgänge sind in der Regel nicht exponentiell.
- Hefe in einem Versuch nicht unbeschränkt wächst.
- Nach 5 Stunden müsste laut Rechnung mehr Hefe vorhanden sein, als in den Messergebnissen beschrieben.
- Der Alkohol bremst das Wachstum der Hefekultur.

c) Die Hefe wächst logistisch; 663 mg ist die Schranke.

$29 = 18{,}1 + k \cdot 18{,}1 \cdot (663 - 18{,}1)$, also

$k = \frac{10{,}9}{18{,}1 \cdot (663 - 18{,}1)} \approx 0{,}00093$

$B(3) = 29{,}0 + 0{,}00093 \cdot 29{,}0 \cdot (663 - 29{,}0) \approx 46{,}1$

$B(4) = 46{,}1 + 0{,}00093 \cdot 46{,}1 \cdot (663 - 46{,}1) \approx 72{,}5$

$B(5) = 72{,}5 + 0{,}00093 \cdot 72{,}5 \cdot (663 - 72{,}5) \approx 112{,}3$

Nach 5 Stunden müsste 112,3 mg Hefe vorhanden sein.

d) B(t) auf beiden Seiten addieren und Umstellen der rechten Seite liefert

$B(t+1) = B(t) + \underbrace{0{,}6566}_{k \cdot S} \cdot B(t) - \underbrace{0{,}00098}_{k} \cdot B(t)^2$

$S = \frac{0{,}6566}{0{,}00098} = 670$

Durch Ausklammern von $0{,}00098 \cdot B(t)$ erhält man

$B(t+1) = B(t) + 0{,}00098 \cdot B(t) \cdot (670 - B(t))$;

dies entspricht der Definition von logistischem Wachstum.

Übung 179

a) $B(1) = B(0) \cdot a^1 = 18{,}1$; $B(2) = B(0) \cdot a^2 = 29{,}0$;

$a = \frac{29}{18{,}1} \approx 1{,}6022$

$B(0) = 11{,}3$; $B(t) = 11{,}3 \cdot 1{,}6022^t$

Der Anfangsbestand betrug 11,3 mg.

b) $B\left(\frac{1}{4}\right) = 11{,}3 \cdot 1{,}6022^{\frac{1}{4}} \approx 12{,}7$

$a^* = \frac{12{,}7}{11{,}3} \approx 1{,}1239$

Pro Viertelstunde nimmt die Hefemenge um 12,39 % zu.

c) $100 = 1{,}60222^t$, also $t = \frac{\log 100}{\log 1{,}6022} \approx 9{,}77$

Die Hefemenge wäre nach fast 10 Stunden auf das Hundertfache angewachsen.

d) $B(5) \approx 119{,}3 \cdot \frac{119{,}3}{111{,}9} \approx 1{,}066$

Der errechnete Wert ist etwa 6,6 % größer.

Übung 180

a) $0{,}5^x = 0{,}12$, also $x = \frac{\log 0{,}12}{\log 0{,}5} \approx 3{,}06$

$3{,}06 \cdot 5730$ Jahre $\approx 17\,534$ Jahre

b) $x = \frac{\log 0{,}001}{\log 0{,}5} \approx 9{,}9658$

$9{,}9658 \cdot 5730$ Jahre $\approx 57\,104$ Jahre

Übung 181

a) Linear: $B(3) = B(0) + 3 \cdot m = 250$ und $B(10) = B(0) + 10 \cdot m = 378$,
also $B(t) = 195 + 18{,}29\,t$; $B(20) \approx 561$
Exponentiell: $B(3) = B(0) \cdot a^3$ und $B(10) = B(0) \cdot a^{10}$,
also $B(t) = 209 \cdot 1{,}0608^t$; $B(20) \approx 680$
Nach 20 Tagen sind bei linearem Wachstum 561 Bakterien vorhanden, bei exponentiellem Wachstum 680 Bakterien.

b) Abweichung bei linearem Wachstum: 2,5 %;
Abweichung bei exponentiellem Wachstum: 4,5 %.
Es liegt vermutlich lineares Wachstum vor.

Übung 182

a) $B(0) = 10$; $S = 800$;
$B(t+1) = B(t) + 0{,}25 \cdot (800 - B(t))$

b) Nach rund 10 Jahren sind 750 Fische vorhanden.

Übung 183

a) Abnahme: ≈ 4,7 % jährlich, also 0,013 % täglich

b) $B(t) = 100 \cdot 32^{0{,}2t}$; t in h
Pro Stunde vermehren sich die Salmonellen um 3200 %.

Übung 184

a) Die Aussage ist richtig, denn
$P(\text{„alle 4 richtig“}) = \left(\frac{1}{4}\right)^4 = 0{,}0039 \approx 0{,}4\,\%$

b) Die Aussage ist falsch, denn
$P(\text{„keine Übung richtig“}) = \left(\frac{3}{4}\right)^4 = 0{,}316 \approx 32\,\%$

c) Die Aussage ist richtig, denn
$P(\text{„genau 2 Übungn richtig“}) = 6 \cdot \left(\frac{1}{4}\right)^2 \cdot \left(\frac{3}{4}\right)^2 = 0{,}2109 \approx 21{,}1\,\%$

d) Die Aussage ist falsch, denn
$P(\text{„mindestens 3 richtig“}) = 3 \cdot \left(\frac{1}{4}\right)^3 \cdot \frac{3}{4} + 0{,}0039 \approx 0{,}039 \approx 4\,\%$

Übung 185

a) Einsatz = x €

SG = Spielerglück = „mindestens 5"; $P(SG) = \frac{1}{3}$

SP = Spielerpech = „ansonsten"; $P(SP) = \frac{2}{3}$

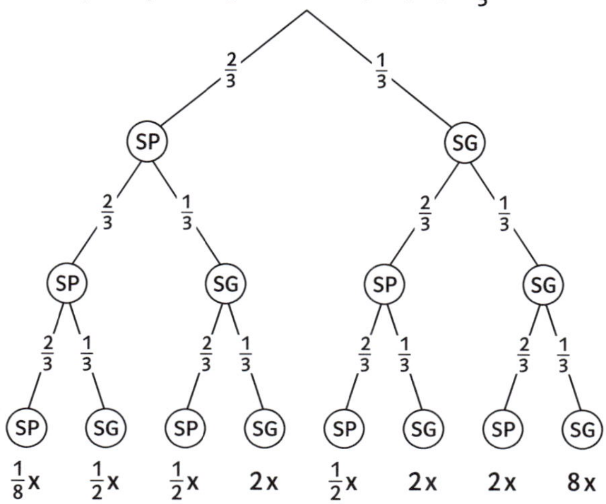

$E(X) = \left(\frac{2}{3}\right)^3 \cdot \frac{x}{8}€ + 3 \cdot \left(\frac{2}{3}\right)^2 \cdot \frac{1}{3} \cdot \frac{x}{2}€ + 3 \cdot \frac{2}{3} \cdot \left(\frac{1}{3}\right)^2 \cdot 2x€ + \left(\frac{1}{3}\right)^3 \cdot 1 \cdot 8x€ = x€$

b) Für $x = 2€$ ist $E(X) = 2€$.
Der Besucher kann mit 2 € rechnen.

Übung 186

a)

x_i	1	2	3	5
$P(X = x_i)$	$\frac{1}{2}$	$\frac{1}{4}$	$\frac{1}{8}$	$\frac{1}{8}$

b) $E(X) = \frac{1}{2} \cdot 1 + \frac{1}{4} \cdot 2 + \frac{1}{8} \cdot 3 + \frac{1}{8} \cdot 5 = 2$

Alessa müsste 2 Bonbons als Einsatz zahlen, damit das Spiel fair ist.

Übung 187

a) Man gewinnt genau dann, wenn bei keiner der beiden Ziehungen eine Kugel mit der Aufschrift „−3" gezogen wird.

P(„keine − 3") = $\frac{12}{20} \cdot \frac{12}{20} = 36\,\%$.

b) P(„2. Gewinn im 4. Spiel") = $3 \cdot \left(\frac{36}{100}\right)^2 \cdot \left(\frac{64}{100}\right)^2 \approx 0{,}16 = 16\,\%$

c)

Werte in €	+4	+3	+2	−1	−2	−6
$P(X = x_i)$	0,09	0,18	0,09	0,24	0,24	0,16

$E(X) = 4 \cdot 0{,}09 + 3 \cdot 0{,}18 + 2 \cdot 0{,}09 - 1 \cdot 0{,}24 - 2 \cdot 0{,}24 - 6 \cdot 0{,}16 = -0{,}6$

Die Klasse kann mit 0,60 € Gewinn pro Spiel rechnen.

d) Es gibt einen Unterschied, z. B. P(„Gewinn"):

Mit Zurücklegen:

P(„Gewinn") $= \frac{6}{20} \cdot \frac{6}{20} = 0{,}09 = 9\,\%$

Ohne Zurücklegen:

P(„Gewinn") $= \frac{6}{20} \cdot \frac{5}{19} \approx 0{,}079 = 7{,}9\,\%$

Übung 188

a) X binomialverteilt mit $n = 20$ und $p = 0{,}05$, also $P(X \leqq 2) = 0{,}9245$

b) X binomialverteilt mit $n = 40$ und $p = 0{,}05$, also $P(X \leqq 3) = 0{,}8618$

Die Wahrscheinlichkeit der Lieferungsannahme wird kleiner, die vorgeschlagene Prüfung bietet also mehr Sicherheit.

Übung 189

a) $p = 0{,}85;\ n = 160;\ k = 140$

$P(X = 140) = \binom{160}{140} \cdot 0{,}85^{140} \cdot 0{,}15^{20} \approx 0{,}0629$

Mit einer Wahrscheinlichkeit von 6,29 % funktionieren 140 Glühbirnen.

b) $p = 0{,}92;\ n = 160;\ k \leqq 155$

Mit einer Wahrscheinlichkeit von 99,67 % können mindestens 5 Glühbirnen schwer eingeschraubt werden.

Übung 190

a)

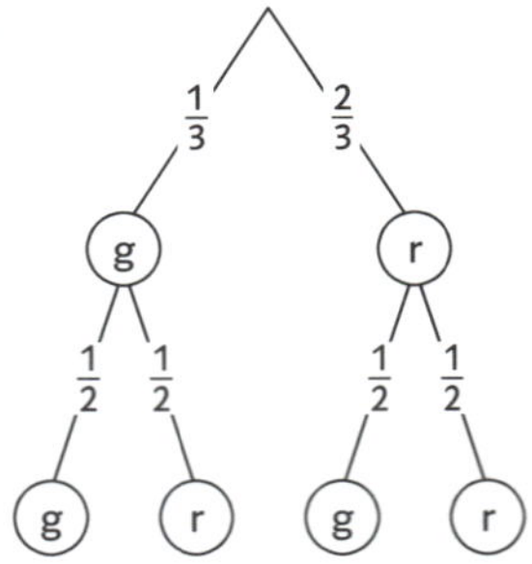

$P(A) = \frac{1}{3} \cdot \frac{1}{2} = \frac{1}{6}$

$P(B) = \frac{2}{3} \cdot \frac{1}{2} = \frac{1}{3}$

b) P(„an mindestens einer Ampel warten ") $= 1 - P(g) = \frac{5}{6}$

$E(X) = \frac{5}{6} \cdot 210 = 175$

Martin muss vorrausichtlich an 175 Tagen an mindestens einer Ampel warten.

Übung 191

a) Skizze:

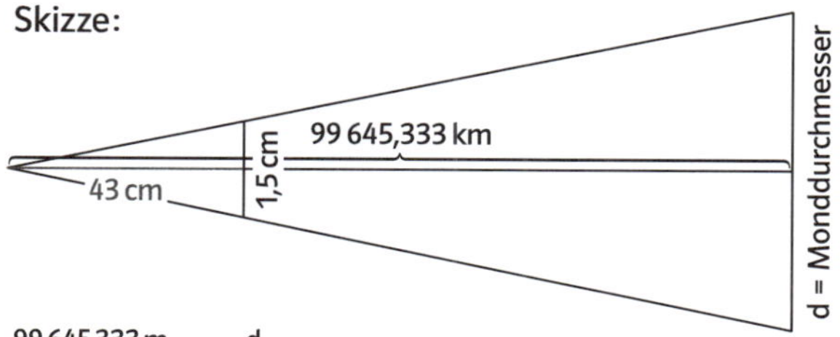

$\frac{99\,645\,333\,\text{m}}{0{,}43\,\text{m}} = \frac{d}{0{,}015\,\text{m}}$, also $d \approx 3476\,\text{km}$

Der Astronaut schätzt den Monddurchmesser auf 3476 km.

b) $d_2 = \frac{99\,645\,333\,\text{m}}{0{,}43\,\text{m}} \cdot 0{,}014\,\text{m} \approx 3244\,\text{km}$

Der Durchmesser wäre 232 km kürzer, das sind rund 6,7 % weniger.

Übung 192

a) Bestimmung der Diagonalen der quadratischen Grundfläche: $d \approx 50{,}09\,\text{m}$
Bestimmung der Höhe der Pyramide: $h \approx 33{,}09\,\text{m}$

b) Bestimmung der Höhe des Glasdreiecks: $h_{\text{Dreieck}} \approx 37{,}53\,\text{m}$
Oberfläche: $4 \cdot \frac{1}{2} \cdot 35{,}42\,\text{m} \cdot 37{,}53\,\text{m} \approx 2659\,\text{m}^2$

Übung 193

$h = \tan(30°) \cdot 279{,}78\,\text{m} \approx 161{,}53\,\text{m}$

Der Kirchturm des Ulmer Münsters ist etwa 161,53 m hoch.

Übung 194

a) Überschlag: $3 \cdot 16 \cdot 9 + 16 \cdot 3 = 48 \cdot 10 = 480$

b) $V_{\text{Kegel}} = \frac{1}{3} \cdot \pi \cdot (4\,\text{m})^2 \cdot 3\,\text{m} \approx 50{,}27\,\text{m}^3$
Höhe im Zylinder: $h = \frac{250 - 50{,}27}{\pi \cdot 16\,\text{m}} \approx 3{,}97\,\text{m}$
Das Futter steht etwa 7 m hoch im Silo, davon 3 m im Kegel, 4 m im Zylinder.

c) Die Fläche setzt sich zusammen aus dem Kugelmantel, dem Zylindermantel und dem Zylinderdeckel.
Bestimmung der Kegel-Mantellinienlänge s:
$s = \sqrt{4^2 + 3^2}\,\text{m} = 5\,\text{m}$
$M_{\text{Kegel}} = r \cdot s \cdot \pi \approx 62{,}83\,\text{m}^2$
$M_{\text{Zylinder}} = 2\pi r \cdot h = 226{,}19\,\text{m}^2$
$M_{\text{Deckel}} = \pi r^2 = 50{,}27\,\text{m}^2$
Fläche $= 62{,}83\,\text{m}^2 + 226{,}19\,\text{m}^2 + 50{,}27\,\text{m}^2 \approx 339{,}29\,\text{m}^2$
Es wird für 339,29 m² Farbe benötigt.

d) Beim Befüllen des Kegels zu Beginn steigt die Futterhöhe schneller an als beim Befüllen des Zylinderteils. Graph C veranschaulicht den Anstieg der Futterhöhe im Silo.

Übung 195

a) $A_{Trapez} = 9 \cdot 8 = 72$ FE.

b) P hat die Koordinaten (2 | 12). Das Rechteck hat die Eckpunkte (0 | 0), (2 | 0), (2 | 12) und (0 | 12).
$A_{Rechteck} = 2 \cdot 12 = 24$ FE

c) Gerade durch C und D: $y = -\frac{3}{2}x + 15$, also gilt:
$A_{Rechteck}$ = Länge mal Breite, also $f(x) = x \cdot \left(-\frac{3}{2}x + 15\right)$

d) Maximum bestimmen ergibt: $x = 5$
Das Rechteck mit den Eckpunkten (0 | 0), (5 | 0), (5 | 7,5), (0 | 7,5) hat den größten Flächeninhalt: $A = 5 \cdot 7{,}5$ FE $= 37{,}5$ FE.

Übung 196

a), e)

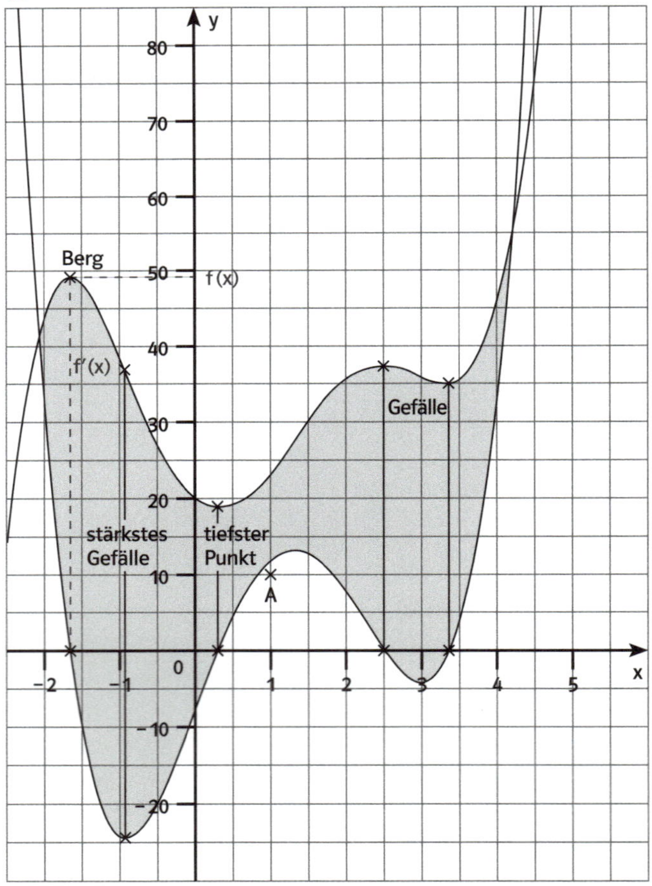

b) Maximum bestimmen: Der Berg im Westen ist 4950 m hoch.

c) Tiefpunkt bestimmen: Der tiefste Punkt ist 1875 m hoch.

d) Nein, das Gelände fällt für $2{,}52 < x < 3{,}4$, also zwischen 252 m und 340 m im Osten.

e) Maximum der Ableitung bestimmen: Bei $x \approx -0{,}924$, also bei 92,4 m im Westen, fällt das Gelände am stärksten.

Übung 197

a) Gezeitenkurve f (x)

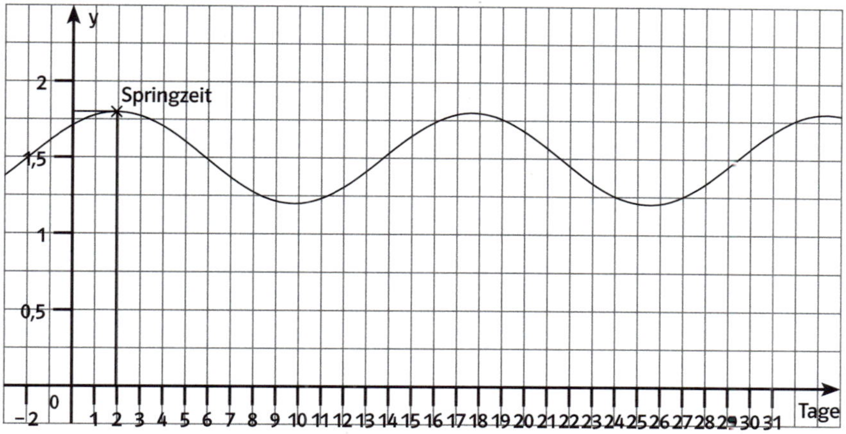

Wasserpegelkurve g (x)

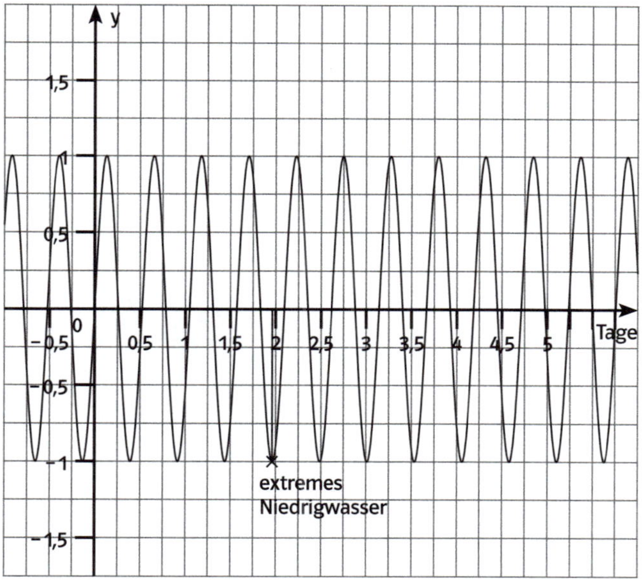

b) Kurz vor Beginn des 2. Tages $\left(\frac{5\pi}{8}\right)$ ist Springzeit mit extremem Niedrigwasser.

c) a: Amplitude;

$\frac{2\pi}{b}$: Periodenlänge;

c: Phasenverschiebung auf der x-Achse um $\frac{c}{b}$;

d: Verschiebung auf der x-Achse

Übung 198

Geradengleichungen der beiden Flugbahnen:

g_1: $\vec{x} = \begin{pmatrix} 1 \\ 6 \\ 2 \end{pmatrix} + t \begin{pmatrix} 1 \\ 2 \\ 2 \end{pmatrix}$; g_2: $\vec{x} = \begin{pmatrix} 5 \\ 10 \\ 4 \end{pmatrix} + t \begin{pmatrix} 1 \\ 1 \\ 0 \end{pmatrix}$

Ermittlung des geringsten Abstandes:

$$d(t) = \sqrt{((1+t)-(5+t))^2 + ((6+2t)-(10+t))^2 + ((2+2t)-4)^2}$$
$$= \sqrt{4^2 + (t-4)^2 + (2t-2)^2} = \sqrt{16 + t^2 - 8t + 16 + 4t^2 - 8t + 4}$$
$$= \sqrt{5t^2 - 16t + 20}$$

Minimaler Abstand für $t = 1{,}6$: $d(t) \approx 2{,}68\,\text{km}$
Die Flugzeuge kommen sich bis zu 2,68 km nahe.

Übung 199

a) Ohne Kühlung: $B(t) = 60 \cdot 2^t$; t in 30 min.
Mit Kühlung: $B(t) = 60 \cdot 2^t$; t in 48 h

b) Ohne Kühlung: $B(10) = 60 \cdot 2^{10} = 61\,440$
Mit Kühlung: $B(10) = 60 \cdot 2^{\frac{5}{48}} \approx 65$

c) Für $t = 4$ gilt: $B(4) = 960$.
Ohne Kühlung ist der kritische Wert gegen 11 h erreicht.
Mit Kühlung ist der kritische Wert nach 8 Tagen erreicht.

Übung 200

a)

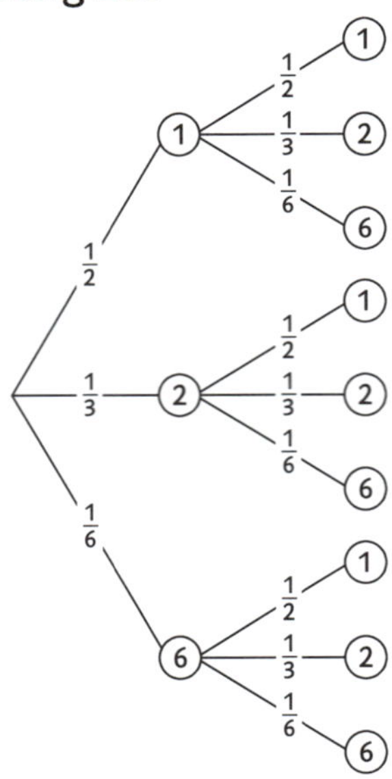

x_i	−2 ct	0 ct	+1 ct
$P(X = x_i)$	$\frac{1}{4}$	$\frac{1}{3}$	$\frac{1}{6}$

x_i	+2 ct	+3 ct	+4 ct
$P(X = x_i)$	$\frac{1}{9}$	$\frac{1}{9}$	$\frac{1}{36}$

b) $E(X) = -2 \cdot \frac{1}{4} + \frac{1}{6} + 2 \cdot \frac{1}{9} + 3 \cdot \frac{1}{9} + 4 \cdot \frac{1}{36} \approx +0{,}33$
Ein Spieler kann mit etwa 33 ct Gewinn rechnen.

Guten Noten auf der Spur!

Der gesamte Lernstoff der Klassen 5 – 10 in einem Buch:

Wissen schneller finden:
mit Quick-Findern – den extra Inhaltsverzeichnissen für jedes Kapitel

Wissen besser speichern:
mit zusätzlichen Lern-Videos zu besonders schwierigen Themen von Sofatutor

NEU: Die erste Lernhilfe mit Lern-Videos online von www.sofatutor.com

Foto: © foto.fritz – Fotolia.com

Im Buchhandel erhältlich.

Weitere Informationen unter www.klett.de/lernhilfen